长江经济带高质量发展研究丛书 ⑪

总主编 秦尊文 副总主编 李浩

长江流域综合治理与统筹发展研究

秦尊文 李浩 刘汉全 田野 等 著

WUHAN UNIVERSITY PRESS
武汉大学出版社

图书在版编目(CIP)数据

长江流域综合治理与统筹发展研究/秦尊文等著.—武汉：武汉大学出版社,2024.6

长江经济带高质量发展研究丛书/秦尊文,李浩主编.11

ISBN 978-7-307-24254-8

Ⅰ.长…　Ⅱ.秦…　Ⅲ.长江流域—生态环境—综合治理—研究　Ⅳ.X321.25

中国国家版本馆 CIP 数据核字(2024)第 033077 号

责任编辑:陈　红　　责任校对:鄢春梅　　版式设计:马　佳

出版发行：**武汉大学出版社**　(430072　武昌　珞珈山)

(电子邮箱：cbs22@ whu.edu.cn　网址：www.wdp. com.cn)

印刷:湖北云景数字印刷有限公司

开本:720×1000　1/16　印张:10.5　字数:186 千字　插页:1

版次:2024 年 6 月第 1 版　　2024 年 6 月第 1 次印刷

ISBN 978-7-307-24254-8　　定价:48. 00 元

总　序

2017年10月18日，习近平同志在党的十九大报告中指出“我国经济已由高速增长阶段转向高质量发展阶段，正处在转变发展方式、优化经济结构、转换增长动力的攻关期”，这是以习近平同志为核心的党中央首次提出“高质量发展”命题。2018年4月26日，他在武汉召开的深入推动长江经济带发展座谈会上提出“以长江经济带发展推动高质量发展”。长江经济带高质量发展应以习近平新时代中国特色社会主义思想为指导，从五个方面深入推进。

一是深入推进科学发展。习近平总书记强调长江经济带建设要抓大保护、不搞大开发，不搞大开发不是不搞大的发展，而是要科学地发展。要科学发展就必须正确把握整体推进和重点突破的关系。从上中下游三大区域来看，重点在长江中上游地区。习近平总书记2018年在长江沿岸考察，第一站就是在长江中上游结合部的宜昌，然后坐船顺流而下考察了长江中游的荆州、湖南岳阳，最后到了武汉，而2016年发出“共抓大保护、不搞大开发”号召的座谈会是在上游的重庆召开的。这释放出一个强烈信号，就是党中央高度重视长江中上游地区的发展。我认为，这是实现区域经济协调发展和全面建成小康社会的需要。1988年邓小平同志指出：“沿海地区要加快对外开放，使这个拥有两亿人口的广大地带较快地先发展起来，从而带动内地更好地发展，这是一个事关大局的问题。内地要顾全这个大局。反过来，发展到一定的时候，又要求沿海拿出更多力量来帮助内地发展，这也是个大局。那时沿海也要服从这个大局。”① 这就是著名的“两个大局”战略思想。经过多年的发展，我国已经形成了一条比较发达的沿海经济带。以习近平总书记为核心的党中央高瞻远瞩，适时提出了长江经济带发展战略。长江经济带与沿海经济带构成一个T字形，长江经济带下游地区本身就与沿海经济带重合，因此实施长江经济带战略，重点和难点都在长江中上游地区。

---

① 邓小平文选：第三卷．北京：人民出版社，1993：277-288.

二是深入推进绿色发展。习近平总书记在武汉座谈会上强调正确把握生态环境保护和经济发展的关系，探索协同推进生态优先和绿色发展新路子。2014年国家正式提出长江经济带发展战略之后，相关省市都有“大开发”的冲动，很可能步入沿海地区已走过的“先污染、后治理”的老路。针对这种苗头，习近平总书记2016年1月及时在重庆召开推动长江经济带发展座谈会，明确提出要把修复长江生态环境摆在压倒性位置，共抓大保护，不搞大开发。2018年他来湖北视察，又强调长江经济带绿色发展，关键是要处理好绿水青山和金山银山的关系。这不仅是实现可持续发展的内在要求，而且是推进现代化建设的重大原则。生态环境保护和经济发展不是矛盾对立的关系，而是辩证统一的关系。不能把生态环境保护和经济发展割裂开来，更不能对立起来。长江经济带的绿色发展，还要发挥市场主体和全社会的主动性和积极性。企业是长江生态环境保护建设的主体和重要力量，要强化企业责任，加快技术改造，淘汰落后产能，发展清洁生产，提升企业生态环境保护建设能力。只有企业的责任意识上去了，才会终结政府环保与企业之间“猫捉老鼠”的游戏。我们要深入贯彻总书记的“两山理论”，既要绿水青山，也要金山银山，绿水青山就是金山银山。只有真正转变了经济发展方式，绿色发展和高质量发展才能落实到位，才能形成“在发展中保护，在保护中发展”的良性循环。

三是深入推进有序发展。长江经济带发展是一项复杂的系统工程，首先必须有总体谋划。没有总体谋划就没有行动指南，就往往容易脚踩西瓜皮，滑到哪里算哪里。党中央、国务院2016年出台《长江经济带发展规划纲要》（以下简称《规划纲要》）就是总体谋划，就是一张宏伟的蓝图，相关省市都要按照总体规划来细化措施，稳步推进，有序发展，而不是一哄而上，甚至各自为政。要正确把握总体谋划与久久为功的关系，坚定不移将一张蓝图干到底，一茬接着一茬干，一届接着一届干，一年接着一年干，扎扎实实，步步为营。多做打基础、管长远的事，多做有利于可持续发展的事，做到“功成不必在我，功成必定有我”。要结合实施情况及国内外发展环境新变化，组织开展《规划纲要》中期评估，按照新形势新要求调整完善规划内容。要对实现既定目标制定明确的时间表、路线图，稳扎稳打，分步推进，久久为功。

四是深入推进转型发展。这就要求正确把握破除旧动能和培育新动能的关系，推动长江经济带建设现代化经济体系。破除旧动能就是要转换过去那种以物质投入、要素投入为主的发展方式，要破旧立新，要有新的发展理念、新的发展方式。2016年习近平总书记重庆讲话，主要是讲“不搞大开发”，破除旧动能，侧重点是“破旧”；2018 年在湖北视察过程中讲话主要谈科学发展、绿色发展和高质量发展，强调培育新动能，侧重点是“立新”。这就要求我们靠创新驱动长江经济带产业转型升级，建立现代化经济体系。过去我国科技很落后，技术创新很少，主要是在“跟跑”，现在我们追上来了，相当一部分在“并跑”，少数一些领域在“领跑”。在这种情况下，我们可以引进的技术相对会越来越少、越来越难，并且想引进来的高新技术别国通常不会轻易给，特别是国之重器还是要靠我们自己。我们要以壮士断腕、刮骨疗毒的决心，积极稳妥腾退化解旧动能，破除无效供给，彻底摒弃以投资和要素投入为主导的老路，为新动能发展创造条件、留出空间，实现腾笼换鸟、凤凰涅槃。

五是深入推进联动发展。习近平总书记武汉讲话明确要求，正确处理好自身发展与协同发展的关系，努力将长江经济带打造成为有机融合的高效经济体。可以说，“有机融合的高效经济体”是习近平总书记给长江经济带发展的新定位。长江经济带的各个地区、各个城市在各自发展过程中一定要从整体出发，树立“一盘棋”思想，实现错位发展、协调发展、有机融合，形成整体合力。长江经济带要高质量发展，必须是联动发展，即上下游联动、干支流联动、左右岸联动、各个区域联动、各个产业联动，包括水、路、港、岸、产、城的联动。要特别注重建立健全长江经济带高质量发展一体化推进机制。重点是加快推进重要政策一体化。如引资政策、财税政策、土地政策、开发区政策、金融政策、环境保护政策等方面保持基本的统一，要有统一的区域经济社会发展长远规划。要避免地区间的非市场化的政策性竞争，通过政府间的政策与规划协调，避免信息不充分条件下市场机制自发形成的重复建设、过度竞争的恶果。

作为占有长江干线最长通航里程、驻有国家各类长江管理机构的湖北省，对长江经济带发展的关注是“天然”的。早在 1988 年，湖北省委、省政府就提出了“长江经济带开放开发”战略，开全国之先河。湖北省是“长江经济带”概念的提出者，是建设长江经济带的先行者，当然开展长江经济带研究也最早、持续时间也最长。“长江经济带”上升为国家战略后，湖北人民欢欣鼓舞，斗志昂扬。2018 年湖北经济学院正式成立长江经济带发展战略研究院，并决定出版《长江经济带高质量发展研究丛书》，得到了武汉大学出版社的大力支持。丛书作者主要来自湖北经济学院、湖北省社会科学院，均长期从事长江流域经济及相关研究，研究对象为整个长江经济带。本套丛书既有对长江经济带发展的整体研究，也有长江经济带城镇化发展、产业发展、文化发展、政府合作等方面的专题研究。希望这套丛书能为长江经济带高质量发展作出湖北贡献。当然，丛书中可能还存在一些不完善的地方，敬请广大读者批评指正！

总主编　秦尊文

2019 年 8 月 5 日

目　　录

第一章　长江经济带发展与流域综合治理

中华人民共和国成立以来，持续不断的流域治理和开发促进了长江经济带的形成，而长江经济带一旦形成又强化了流域综合治理的主观愿望：从中央到地方、从国家各有关部门到沿江各省市政府，都希望通过共同开展流域综合治理，推动长江经济带高质量发展，加快实现中国式现代化。

第一节　长江经济带发展的提出

长江经济带是依托长江流域而建立的特大型内河经济带。长江经济带发展的提出，经历了一个较长的历史过程。至于“长江经济带”这一概念，最早由湖北省提出。

一、流域、水系与内河经济带

流域是河流湖泊等水系的集水区域。通俗地说，就是一个水系的干流和支流所流过的整个区域。水系确定了，流域也就确定了。每条河流都有自己的流域，一个大流域可以按照水系等级分成数个小流域，小流域又可以分成更小的流域。如几乎全境属长江流域的湖北省，将全省划分长江干流、汉江、清江 3 个一级流域，又将长江干流流域分为 9 个二级流域，汉江、清江流域分别划分为 4 个、3 个二级流域。这 16 个二级流域再细分为若干个三级流域，有的还有四级流域。

长江是中国水量最丰富的河流，水资源总量 9958 亿立方米，占全国河流径流总量的 35%以上，为黄河的 20 倍。在世界上仅次于赤道雨林地带的亚马孙河和刚果河（扎伊尔河），居第三位。长江因其资源丰富，支流和湖泊众多，形成了我国承东启西的现代重要经济纽带。而与长江流域所处纬度带相似的南美洲拉普拉塔河-巴拉那河和北美洲的密西西比河，它们的流域面积虽然都超过长江，水量却比长江少，前者约为长江的 70%，后者约为长江的 60%。

与世界各国相比，长江水系通航里程居世界之首。长江干流长度长，江阔水深，为我国南方的交通大动脉，另有通航支流3600多条。当前长江干支流通航里程已达到9.6万千米，占全国的70%以上。水系能通航，必然带来流域内经济社会联系逐步增强；当这种联系达到一定强度，或者发展到一定阶段，就会形成经济带或经济区。2014年国务院为长江经济带提出的“四大定位”之首就是“具有全球影响力的内河经济带”：发挥长江黄金水道的独特作用，构建现代化综合交通运输体系，推动沿江产业结构优化升级，打造世界级产业集群，培育具有国际竞争力的城市群，使长江经济带成为充分体现国家综合经济实力、积极参与国际竞争与合作的内河经济带。长江流域水系简图见图1-1。

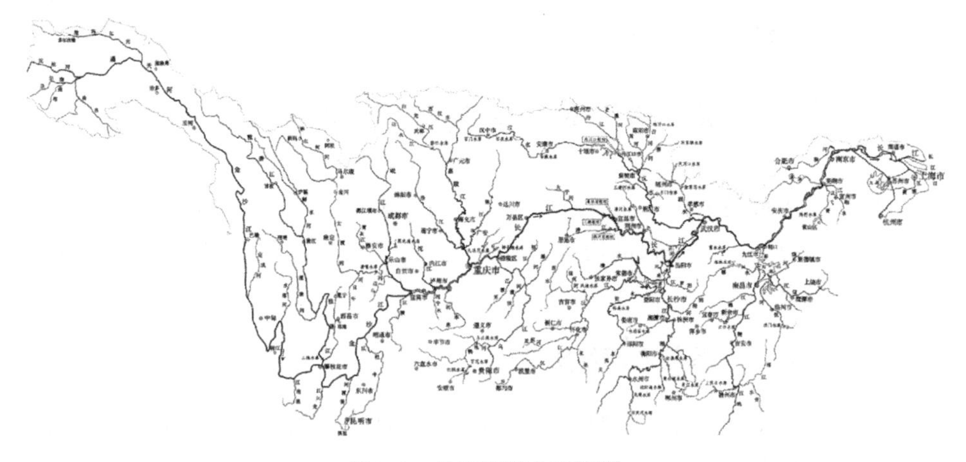

图1-1　长江流域水系简图

二、湖北省率先提出“长江经济带”

“长江经济带”最早由湖北省官方正式提出。1988年4月，湖北省委召开常委扩大会议，时任省委书记在讲话中指出：“建立改革开放试验区，逐步形成沿江对外开放经济带。”当月省政府发出《关于沙市、鄂州、黄冈三个经济改革开放开发区若干政策的通知》。7月7日至13日，改革开放试验区和湖北省沿长江部分地市县负责同志座谈会在沙市召开，会上提出“把长江经济带的发展作为湖北省在中部崛起的战略突破口，带动全省的发展”。很显然，这时候的“长江经济带”仅限湖北省境内，因此，后来又称“湖北长江经济带”。1989年，实施“湖北长江经济带开放开发战略”。

20世纪90年代湖北长江经济带形成“带”状开发，取得了较大成效。特别是宜昌市借三峡工程上马迅速崛起，鄂州市借全省第一个开发区的设立加快发展，使得湖北长江经济带打破了过去“点”状开发的格局。但是，湖北长江经济带建设的“破题”城市——沙市市在此期间消失了，在1994年与荆州地区合并为“荆沙市”（后又更名为“荆州市”）之后经历了较长的“磨合期”，其经济实力在全省位置逐步下滑。荆州占据湖北长江通航里程总长度的45%，而占总长度第二位的革命老区黄冈市也尚未发展起来，加之龙头城市武汉在全国的位次也在下滑，客观上使湖北长江经济带的建设成效与初衷有很大距离。特别是经历1998年、1999年连续两年长江大洪水，湖北长江沿岸主要精力集中在抗洪救灾、水利建设等方面，“湖北长江经济带”一词逐渐淡出。①

直到2009年7月，湖北省委、省政府正式发布《关于加快湖北长江经济带新一轮开放开发的决定》，标志着这一战略重新启动实施。从2009年3月起，湖北省发改委以湖北省社会科学院长江流域经济研究所为主要智力依托，组织编制了《湖北长江经济带开放开发总体规划》以及综合交通、产业发展、国土资源、水资源利用与环境保护、城镇体系建设、对外开放等6个专项规划。这些规划在2010年8月及以后陆续发布。

三、“长江经济带发展”逐步上升为国家战略

继湖北之后，第二个由官方提“长江经济带”的省份是安徽。1995年4月，安徽省委、省政府出台了《关于进一步推进皖江开发开放若干问题的意见》。1995年8月，安徽省政府印发了《安徽省长江经济带开发开放规划纲要（1996—2010年）》，提出“以芜湖为突破口、沿江城市全面跟进的开发开放格局初步形成”的目标。安徽省长江经济带范围包括沿江的马鞍山、芜湖、铜陵、安庆市和池州、巢湖地区，江北的滁州市（东部区域），江南的宣城地区等。

江苏省没有直接提“长江经济带”，却是较早扎实推进长江开发的省份。2003年8月，江苏省政府批准印发《江苏省沿江开发总体规划》，指出：江苏拥有长江岸线的地区是沿江开发的核心区域，包括南京、镇江、常州、扬州、泰州、南通6个市区和句容、扬中、丹阳、江阴、张家港、常熟、太仓、仪征、江都、泰兴、靖江、如皋、通州、海门、启东15个县

---

① 秦尊文．长江经济带的形成与发展［M］．武汉：湖北科学技术出版社，2020：36-37.

（市）。

沿江重点城市为长江经济带的形成作出了积极贡献。1985 年 2 月，重庆、武汉、南京三市主要负责人就“如何发挥中心城市作用，联合开发利用长江黄金水道”等问题达成共识。随后一起拜会上海市党政领导，获得上海市的支持。同年 12 月 18 日至 20 日，在重庆举行长江沿岸中心城市经济协调会成立会议。2000 年 12 月 8 日至 10 日，第十届协调会在武汉举行。主题为：开发长江经济带，参与西部大开发。这次协调会明确使用了“长江经济带”的提法。

2013 年 7 月 21 日，习近平总书记前往武汉新港阳逻集装箱港区考察。他强调，要大力发展现代物流业，长江流域要加强合作，充分发挥内河航运作用，发展江海联运，把全流域打造成黄金水道。① 9 月 23 日国家发改委会同交通运输部在京召开《依托长江建设中国经济新支撑带指导意见》研究起草工作动员会议。在 2014 年全国“两会”期间，政府工作报告中正式在国家层面使用“长江经济带”的提法。2014 年 9 月 12 日，国务院印发《关于依托黄金水道推动长江经济带发展的指导意见》。

2016 年 1 月 5 日，习近平总书记在重庆召开推动长江经济带发展座谈会时指出：推动长江经济带发展必须从中华民族长远利益考虑，走生态优先、绿色发展之路。② 3 月 25 日中共中央政治局召开会议，审议通过《长江经济带发展规划纲要》，对长江经济带建设和发展作出全面部署。该文件提出长江经济带的四大战略定位，其中第一个定位就是“生态文明建设的先行示范带”。要求“统筹江河湖泊丰富多样的生态要素，推进长江经济带生态文明建设，构建以长江干支流为经脉、以山水林田湖为有机整体，江湖关系和谐、流域水质优良、生态流量充足、水土保持有效、生物种类多样的生态安全格局，使长江经济带成为水清地绿天蓝的生态廊道”。这实际上是长江流域综合治理的基本内容。

第二节　长江流域综合治理概况

“长江流域综合治理”的中心词和落脚点是“治理”，范围是“长江流

① 坚定不移全面深化改革开放　脚踏实地推动经济社会发展［N］. 人民日报，2013-07-24（1）.

② http：//www. jjckb. cn/2016-01-08/c_134988393. htm.

域”，其显著特点是“综合”。既然是“综合”，必然涉及诸多部门和地方。在党中央的领导下，推动长江经济带发展领导小组办公室积极履行职责，在长江流域综合治理中发挥出组织、协调作用。

一、长江流域水患治理与三峡工程

长江流域综合规划是长江流域综合治理的前提。国家将长江流域综合规划的职能赋予水利部长江水利委员会（以下简称长江委）。1954 年长江发生特大洪水后，中央即决定全面开展长江流域规划工作，水利部责成长江委负责编制长江流域规划。1959 年正式提交了《长江流域综合利用规划要点报告》，1983 年国家确定进行修订补充，于 1988 年完成。1990 年《长江流域综合利用规划要点报告》名称作了变更，国务院以国发［1990］56 号文批准了《长江流域综合利用规划简要报告》。

2007 年 1 月 5 日，全国流域综合规划修编工作会议召开，部署新一轮长江流域综合规划修编工作。2010 年 2 月 24 日至 25 日，水利部在北京主持召开专家审查会，正式审查通过了送审稿，会后长江委根据专家意见和建议做了修改完善。2011 年 12 月长江委形成了《长江流域综合规划（2012—2030 年）》报批稿，2012 年 12 月获得国务院批复，从而使其成为全国首个通过国务院审批的流域综合规划。

水利部门不仅负责编制长江流域综合规划，还负责组织规划实施，重点抓了四个方面的工作。第一，完善流域防洪减灾措施。重点加强长江中下游干流、洞庭湖、鄱阳湖和主要支流治理，加快向家坝、溪洛渡、亭子口等控制性枢纽工程建设，抓紧实施重要蓄滞洪区建设，加强重点城市防洪建设和重点涝区治理，完成病险水库和水闸除险加固，建设流域防洪预警系统和山洪灾害易发区预警预报系统。第二，合理配置和高效利用水资源。在强化节水的基础上，建设一批必要的水源工程，提高流域供水保障能力，解决局部地区工程性缺水问题。加强灌区续建配套和节水改造，在水土资源条件具备的地区适当新建灌区。在保护生态环境和移民合法权益的前提下，合理有序开发水能资源。第三，加强水资源与水生态环境保护。加大洞庭湖、鄱阳湖、丹江口库区及上游、三峡库区及长江口地区水资源保护力度，加强巢湖、滇池等重点湖泊和沿江城市河段水污染防治。加强长江上中游水土保持，强化水土流失预防监督和生态修复。第四，强化流域综合管理。实行最严格水资源管理制度，建立流域用水总量、用水效率和水功能区限制纳污控制指标体系。加强流域水资源统一调度和管理。规范河道岸线和采砂管理。

水利部门组织实施的最大的长江流域综合治理工程是三峡水利枢纽。1992 年 4 月 3 日，第七届全国人民代表大会第五次会议通过《关于兴建长江三峡工程的决议》。1994 年 12 月 14 日，三峡工程正式开工。2006 年 5 月 20 日，举世瞩目的世界第一水坝宣告完工。其首要功能是水利、防洪，长江三峡大坝建成后，经三峡水库调蓄，可有效地控制长江上游洪水，使长江变成温顺的龙，不再泛滥。即使遇到类似于 1870 年型特大洪水，通过荆江分洪等分蓄洪工程高度的配合，也能够有效防止荆江河段两岸发生干堤溃决的毁灭性灾害，能够减轻对武汉大都市的洪水威胁，并可为湖南洞庭湖区的治理创造条件。同时，三峡水利枢纽具有发电、航运等重要功能，还有旅游、养殖、生态等多种功能。① 综合来看，水利部门前期对长江流域的综合规划，对长江水患的治理、水资源的开发，为长江经济带的形成提供了基础性的支撑。

二、长江航运发展与航道治理

长江是我国唯一的贯穿东中西三大地带的水路运输大通道。国家交通运输部门极为重视长江航运，在武汉专门设有长江航务管理局（行政单位）、长江航道局（事业单位）和相关国有航运企业。

遵照国务院文件精神，根据政企分开、港航分管的原则，长江航务管理局对长江干线航运行使政府行业管理职能，受交通部委托或法规授权行使长江干线（自云南水富至长江入海口，干线航道里程 2838 千米）航运行政主管部门职责。长江流域通航示意图见图 1-2。

为充分发挥长江“黄金水道”作用，长江航务管理局提出了“深下游、畅中游、延上游、通支流”12 字方针。在“深下游”方面：2014 年以来，先后实施了长江口南槽一期、南京以下 12.5 米深水航道等一系列工程；在“畅中游”方面：为解决长江干线宜昌至安庆段全程 88 个水道蜿蜒曲折而形成的长江中游“肠梗阻”问题，2017 年开始实施“武汉至安庆 6 米、武汉至宜昌 4.5 米”长江深水航道整治工程（简称“645 工程”），目前武汉至安庆航道整治工程已经完成，万吨货轮常年直达武汉，武汉至宜昌航道整治工程正在推进中；在“延上游”方面：四川省正在把金沙江下游 800 千米纳入干线，使长江干线在四川境内由 228 千米延长到 1000 多千米；在“通支流”方面：嘉陵江作为全国内河主通道中第一条全江渠化的河流已于 2019 年 6 月全线通航，

① 秦尊文．理性审视三峡工程与长江经济带建设 [J]．社会科学动态，2022（7）．

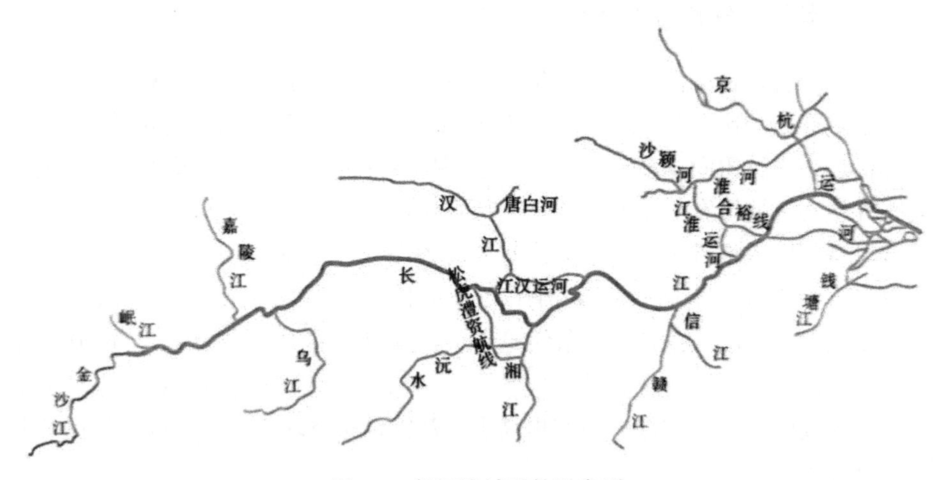

图 1-2　长江流域通航示意图

沱江及涪江下游和汉江的支流唐白河正加快复航，其他具有通航价值的各级各类支流也都在推进或谋划，意在实现干支通畅、江海直达、水陆联运，使“黄金水道”的航运效益最大化。2020 年长江经济带各省市高等级航道里程见图 1-3。

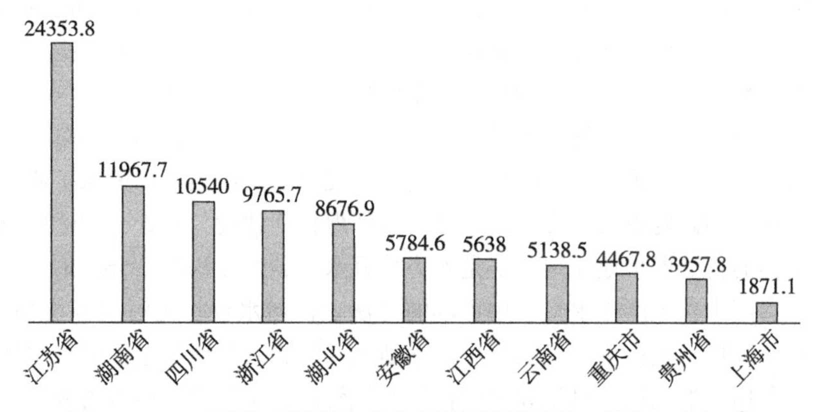

图 1-3　2020 年长江经济带各省市高等级航道里程（单位：千米）①

---

①　交通运输部长江航务管理局. 2020 长江航运发展报告［M］. 北京：人民交通出版社，2021：12.

三、长江大保护与生态环境治理

长江经济带生态要素齐全，生态地位十分突出，是我国生态优先、绿色发展的主战场。2016年提出“长江大保护”以来，生态环境治理力度不断加大。一体治理山水林田湖草沙，开展了一系列根本性、开创性、长远性工作。把修复长江生态环境摆在压倒性位置，共抓大保护、不搞大开发，持续深化水环境综合治理，深入推进水生态系统修复，着力提升水资源保障程度，加快形成绿色发展管控格局，全面推进清洁生产，加快形成绿色生产生活方式。为使“长江大保护”更好落实，生态环境部长江流域生态环境监督管理局2019年在武汉挂牌成立，实行生态环境部、水利部双重领导管理体制，以生态环境部为主。该局的成立和运行，切实提高了长江流域生态环境保护的统筹协调和监督管理能力。

2020年12月26日，我国《长江保护法》由第十三届全国人民代表大会常务委员会第二十四次会议通过，自2021年3月1日起施行，这是我国第一部流域保护法律。

2022年，生态环境部、国家发改委等17个部委联合印发《深入打好长江保护修复攻坚战行动方案》。根据方案，一是持续深化水环境综合治理。深入推进沿江城镇污水垃圾处理、化工污染治理、农业面源污染治理、船舶污染治理和尾矿库污染治理“4+1”工程。坚持水中问题岸上治，岸上问题系统治，落实政府主体责任，强化企业责任，按照谁污染、谁治理的原则，把生态环境破坏的外部成本内部化，激励和倒逼企业自发推动转型升级。二是深入推进水生态系统修复。一体推进山水林田湖草沙保护和治理，实施林地、草地及湿地保护修复，深入实施自然岸线生态修复，加强重要湖泊生态环境保护修复，推进生态保护和修复重大工程建设。开展自然保护地建设与监管，构建以国家公园为主体的自然保护地体系。三是着力提升水资源保障程度。合理配置生态用水、生活用水和生产用水，采用市场的办法，创新水权、排污权等交易措施，用好财税杠杆，发挥价格机制作用，不断提高用水效率和效益，促进水资源节约集约利用。加强用水总量和强度控制红线管理，实行最严格水资源管理制度考核。强化用水定额管理，深入实施国家节水行动，推进污水资源化利用，加大缺水地区非常规水源利用力度。进一步做好小水电分类整改，巩固小水电清理整改成果，逐站落实生态流量。四是加快形成绿色发展管控格局。要加快推进长江经济带国土空间规划编制。严格落实长江经济带发展负面清单管理制度体系，加强对产业发展、区域开发、岸线利用的分类管控，推动全流域精细化分区管控，加强“三线一单”成果的应用，加强实施成效评估。推动构建以排污许可制为核心的固定污染源监管制度体系，强化有毒有害水污染物排放管控，研究符合种植业、养殖业特点的农业面源污染治理模式，探索城市面源污染治理模式。建立完善流域突发水污染事件联防联控机制，防范化解沿江环境风险。①

四、多部门联合推动长江流域综合治理

2020 年农业农村部发布《长江十年禁渔计划》，实施暂定为期 10 年的常年禁捕，其间禁止天然渔业资源的生产性捕捞，目前长江鱼类和水生生物环境得到很大改善。党的二十大报告强调：“实施好长江十年禁渔。”截至 2022 年年末，中央和地方累计落实补偿补助资金 269. 98 亿元，16 万多名有就业能力和就业需求的退捕渔民转产就业，实现应帮尽帮；22 万多名符合参保条件的退捕渔民参加基本养老保险，实现应保尽保，已有 4. 4 万多名退捕渔民领取养老金。禁渔实施以来，各项保护措施协同推进，水生生物资源和多样性均呈现恢复向好趋势，具体体现在长江江豚数量有所回升、鱼类种类和资源量逐步提升、区域代表物种资源恢复比较好、部分物种分布区域明显扩大四个方面。其中，在长江江豚数量方面，根据农业农村部组织开展的 2022 年全流域长江江豚科学考察，长江江豚种群数量为 1249 头，与 2017 年的 1012 头相比，5 年数量增加 23. 42%，年均增长率为 4. 3%。② 应该指出，成绩的取得来之不易，人力资源和社会保障部、国家发展改革委、民政部、财政部等部门对长江流域重点水域退捕渔民安置保障工作也做出了很大贡献。

自然资源部门督导长江流域节约集约用地。应加大土地资源监管力度，加强对土地资源的审核力度，提高土地资源利用效率，缓解土地资源承载力；对于耕地要建立健全相关保护政策，设置耕地保护红线；在保证长江经济带经济平稳发展的同时对建设用地进行严格控制，缓解其对于生态空间的挤压；多维度地开展长江经济带土地资源优化工作。加强对于废弃矿山生态环境的治理与修复；加强对长江水域干支流水质的治理，恢复水生态；设置森林保护红线，退耕还湖还林还草等，从整体出发，发现各要素间的联系，全面系统地进行规

① 贾若祥．扎实推进长江大保护 深入打好长江保护修复攻坚战［EB/OL］．生态环境部网站，2022-10-31.

② 张蕊．长江十年禁渔成效初步显现：水生生物多样性逐步恢复 长江江豚 5 年数量增加 23. 42%［N］．每日经济新闻，2023-02-28.

划治理。

住房和城乡建设部门坚定不移将新发展理念贯穿长江经济带城乡建设全过程和各方面，响应国家碳达峰、碳中和战略部署，探索城乡建设领域绿色低碳发展新模式、新路径。因地制宜、精准施策，持续推进污水处理提质增效和垃圾减量化、无害化、资源化处置，着力补齐短板。城市生态修复取得成效，都市圈和大城市可持续的生态基础设施体系正在形成，绿色出行品质较大提升，绿色社区和绿色建筑加快推广，着力提升城市防洪排涝能力，加快海绵城市建设，有效应对城市内涝防治标准内的降雨；加快提升城乡建设环境品质，沿江城市实施城市更新行动有力推进；深入推进智能化建设管理，促进山水人城和谐相融，城乡风貌得到改善，绿色生活方式正在形成。不断提高长江经济带区域、流域协调水平，统筹干支流、上下游、左右岸，推进大中小城市协调发展，推动城乡融合发展，实现公共服务设施和基础设施共建共享，使城乡居民的获得感、幸福感不断得到提升。

工业和信息化部门积极引导企业绿色发展。一是依法依规淘汰落后和化解过剩产能。结合长江经济带生态环境保护要求及产业发展情况，依据法律法规和环保、质量、安全、能效等综合性标准，淘汰落后产能，化解过剩产能。严禁钢铁、水泥、电解铝、船舶等产能严重过剩行业扩能。二是加快重化工企业技术改造。推广节能、节水、清洁生产新技术、新工艺、新装备、新材料，推进石化、钢铁、有色、稀土、装备、危险化学品等重点行业智能工厂、数字车间、数字矿山和智慧园区改造，提升产业绿色化、智能化水平。三是大力发展智能制造和服务型制造。四是发展壮大节能环保产业。五是大力推进清洁生产。六是实施能效提升计划。七是加强资源综合利用。大力推进工业固体废物综合利用，重点推进中上游地区磷石膏、冶炼渣、粉煤灰、酒糟等工业固体废物综合利用，加大中下游地区化工园区废酸废盐等减量化、安全处置和综合利用力度。八是开展绿色制造体系建设。九是加强工业节水。十是加强重点污染物防治。深入实施水、大气、土壤污染防治行动计划，按行业推进固定污染源排污许可证制度实施。

有关部门联合推进开展长江河道非法采砂违法犯罪打击整治专项行动。水利、公安、交通运输等部门进一步加强协作联动，指导督促沿江各地常态化开展非法采运砂执法打击，适时组织开展联合督导检查，保持高压严打态势。开展高频次联合巡查，加强对重点江段敏感水域的暗访检查，重要时段加密巡查检查频次。公安机关强化刑事打击力度，严厉打击各类涉砂犯罪活动，依法追究相关人员刑事责任。

有关部门协同推进长江经济带船舶靠港使用岸电。交通运输部、国家发展改革委、国家能源局、国家电网有限公司协同推进船舶和港口岸电设施建设。新建船舶按照船舶法定检验技术规则要求同步安装受电设施，船舶检验机构在检验环节严格把关。以在内河港口靠泊 2 小时以上的内河运输船舶、江海直达运输船舶、海进江运输船舶（液货船以及使用新能源、清洁能源的船舶除外）为重点，推进现有船舶受电设施改造。新建、改建码头依法依规同步设计、建设岸电设施。根据船舶受电设施改造进度，各省级交通运输、发展改革、能源部门协调指导地市（州）同步推进相关码头岸电设施改造，推动港船岸电设施在类型、吨级、数量上协调匹配。

此外，还有文化旅游、科技、教育、卫生健康、政法等众多部门，人民团体、企事业单位、社会组织和人民群众，积极参与流域综合治理，共同推动长江经济带高质量发展。

第二章　在流域综合治理中实施统筹发展

习近平总书记指出，“要坚持系统观念，从生态系统整体性出发，推进山水林田湖草沙一体化保护和修复，更加注重综合治理、系统治理、源头治理”① “要从生态系统整体性和流域系统性出发，追根溯源、系统治疗，防止头痛医头、脚痛医脚”② “上下游、干支流、左右岸统筹谋划，共同抓好大保护，协同推进大治理”。③ 长江流域综合治理涉及方方面面，必须从系统观念出发加以谋划和解决，全面协调推动各领域工作，加快推进中国式现代化建设。

第一节　统筹发展和安全

十九届五中全会首次把统筹发展和安全纳入“十四五”时期我国经济社会发展的指导思想。党的二十大报告强调，“必须坚定不移贯彻总体国家安全观，把维护国家安全贯穿党和国家工作各方面全过程，确保国家安全和社会稳定”。这是中央根据国内国际形势发展的新变化、新趋势，我国经济社会发展面临的新挑战，及时作出的重大科学判断、重要战略选择和重大战略部署，是今后一个时期做好流域治理与发展，推进流域安全、经济安全、社会安全工作的重要遵循。

一、坚持维护流域安全

科学把握流域自然本底特征，坚决维护流域水安全、生态安全。统筹水安

---

① 习近平．努力建设人与自然和谐共生的现代化［J］．求是，2022（11）．

② 习近平主持召开全面推动长江经济带发展座谈会并发表重要讲话［EB/OL］．中国政府网，2020-11-15.

③ 习近平．在黄河流域生态保护和高质量发展座谈会上的讲话［J］．求是，2019（20）．

全设施建设与农业灌溉水利建设，统筹水资源利用和产业布局、城镇建设，统筹水环境保护和城乡人居环境建设。通过推进水安全工程建设，有利于完善水资源配置和布局，加快推进流域安全项目建设。通过优化水环境安全协调机制，能够推动健全流域上下游生态补偿机制，降低水环境污染风险。

在长江流域防洪体系总体布局下，以流域为单元，以重点城镇、工业园区、耕地、重要基础设施为保护对象，以长江干流及其他重要支流为骨干排洪通道，以蓄滞洪区、大中型水库、重要湖泊为主要蓄滞洪场所，畅通洪水通道，增强洪水调蓄能力，提升城市防洪能力，加强重点易涝区治理，构筑“蓄泄兼筹、以泄为主”的防洪排涝格局，兜牢兜实流域防洪安全底线。

明确防洪堤防、蓄滞洪区、水库安全等水安全底线，水质和湖泊等水环境安全底线，耕地保护红线，以及山、林、湖、草等生态保护底线。通过抓好堤防、水库、蓄滞洪区等重点水利工程防洪安全和运行安全，确保南水北调工程安全、供水安全和水质安全，统筹生活、生态及生产用水需求等重要工作。

努力建设安澜长江。科学把握长江水情变化，坚持旱涝同防同治，统筹推进水系连通、水源涵养、水土保持，强化流域水工程统一联合调度，加强跨区域水资源丰枯调剂，提升流域防灾减灾能力。

生态安全是指生态系统的健康和完整情况，是人类在生产、生活和健康等方面不受生态破坏与环境污染等影响的保障程度，包括饮用水与食物安全、空气质量与绿色环境等基本要素。通过推进山水林田湖草沙系统修复，有利于长江流域生态环境保护和绿色发展，有利于确保生态安全。

二、坚决维护经济安全

一是坚决维护粮食安全。沿江省市无论是粮食主产区还是主销区、产销平衡区，都要扛牢粮食安全责任。强化耕地数量、质量、生态“三位一体”保护，逐步把永久基本农田建成高标准农田，加强农业种质资源保护利用，实施生物育种重大项目，提高种业企业自主创新能力。把粮食增产的重心放到大面积提高单产上，加强良田良种、良机良法的集成推广，发展多种形式适度规模经营和社会化服务。压实粮食安全政治责任，严守耕地保护红线，落实国家新一轮千亿斤粮食产能提升行动计划。

二是坚决维护能源安全。通过统筹水电开发和生态保护，积极安全有序发展核电，能够加强能源产供储销体系建设，确保能源安全。坚持全国“一盘棋”，继续深化上游地区同中下游地区的能源合作。加强煤炭等化石能源兜底保障能力，抓好煤炭清洁高效利用，注重水电等优势传统能源与风电、光伏、氢能等新能源的多能互补、深度融合，加快建设新型能源体系，推进源网荷储一体化。

三是确保产业链供应链安全。二十大报告明确提出，着力提升产业链供应链韧性和安全水平。长江经济带要保持并增强产业体系完备和配套能力强的优势，推进产业智能化、绿色化、融合化，建设具有完整性、先进性、安全性的现代化产业体系。面对新变局、新挑战，着力提升产业链供应链韧性和安全水平，形成具有自主可控、稳定畅通、安全可靠、抗击能力的产业链供应链，在关键时刻不“掉链子”，关键领域不被“卡脖子”。

三、坚持科技自立自强

科技自立自强是统筹发展和安全的底气所在。2022 年 6 月 28 日，习近平总书记在武汉指出：科技自立自强是国家强盛之基、安全之要。① 我们必须完整、准确、全面贯彻新发展理念，深入实施创新驱动发展战略，把科技的命脉牢牢掌握在自己手中。要发挥上海、合肥和武汉、成渝等国家科学中心和全国科技创新中心的作用，高效集聚全球创新要素，在科技自立自强上取得更大进展，不断提升我国发展独立性、自主性、安全性，催生更多新技术新产业，开辟经济发展的新领域新赛道，形成国际竞争新优势。

四、打造战略产业备份基地

中央对成渝地区形成强大的战略后方提出明确要求，要从战略高度深刻领悟、坚决落实。在抗战时期、“三线建设”时期，成渝地区发挥了重要而独特的作用。百年未有之大变局下，多措并举将成渝地区双城经济圈打造成为国家重要产业链备份基地，维护产业链供应链安全，既是贯彻总体国家安全观的重要举措，也对融入和服务新发展格局、塑造国际经济合作和竞争新优势具有重要作用。重庆、四川要协同培育现代化产业体系，携手打造先进特色产业集群，共建成渝中部地区科创大走廊，合力打造国家战略产业备份基地。

襄阳、绵阳、攀枝花、遵义等原“三线建设”城市，现在基础较好，实力较强，也要勇挑重担，积极创造条件，参与打造战略产业备份基地。

---

① 习近平在湖北武汉考察时强调：把科技的命脉牢牢掌握在自己手中　不断提升我国发展独立性自主性安全性［EB/OL］. 中国政府网，2022-06-29.

第二节　统筹推进城乡区域协调发展

一、城乡差距和区域差距仍然较大

长江经济带横跨11个省市，总面积约205万平方千米，区域差距、城乡差距比较大，发展不平衡不充分问题仍然突出，经济社会发展中矛盾错综复杂。同处长江经济带上、同为直辖市的重庆人均GDP约为上海的一半，贵州省约为江苏省的1/3。即使在经济发达省份，也存在内部区域发展不平衡现象。如江苏省，苏南地区非常发达，而苏北地区仍是全省发展的短板。同时城乡发展也不平衡。首先是城乡基础设施建设发展上严重不平衡。城市基础设施建设由政府投资，发展既快又好；农村的基础设施建设政府投入少，发展滞后。以电力为例，农村电力设施陈旧落后，电能质量差，电压偏低，平均电价高于城镇。此外，农村安全饮用水普及率仍然偏低，农村生活污水处理率、垃圾集中处理率更低。其次是城乡公共服务水平严重不平衡。教育资源在城市、农村学校的分配上不平衡，政府投入和优质资源都集中在城市学校尤其是重点学校，而多数农村学校政府投入小，师资缺乏；城乡居民的医疗保障和卫生服务的差距明显，农村卫生医疗资源贫乏，医疗设施落后，乡村医护人员缺乏，医疗保障水平较低；社会保障体系方面城乡差距虽有所改变，但差距仍然很大。

二、以四化同步发展破解城乡区域不平衡问题

走中国特色新型工业化、信息化、城镇化、农业现代化同步发展道路，是实现中国式现代化的重要路径，也是解决城乡、区域发展不平衡问题的重要举措。在长江流域综合治理中，因地制宜找准推进四化同步发展的切入点和着力点，推动工业化和城镇化良性互动，城镇化和农业现代化相互协调，信息化和工业化、城镇化、农业现代化深度融合，促进长江经济带高质量发展。

推动园区发展和产城融合。一是增强园区城市功能。将园区作为城区来规划和建设，为园区“赋”城市之“能”。将产业园区作为城镇化的主战场和建设中心城市的突破口，统筹规划产业、城市等各类功能分区，在园区及其周边配套建设住宅、教育、医疗、商贸等公共服务设施，提升园区城市综合服务功能，实现产业发展、城市建设和人口集聚相互促进、融合发展。二是支持国家

级园区等发展条件较好的产业园区从单一的生产型园区经济向综合型城市经济转型，促进工业化和新型城镇化相融合。突出市、县城市新区拓展，推动老城区、新城区和产业园区联动发展，提高产城人的融合程度。把产业园区作为就地就近城镇化的主要载体，建成区域性公共服务中心，增强对农业转移人口的吸纳能力。

提升园区承载能力。加强产业园区"九通一平"等基础设施的规划与建设，提高园区公共信息、技术、物流等服务平台和社会事业的配套服务水平。提升园区企业污水处理能力，完善大气污染防治设施，加强固废管理，为园区环境减负，为生态增容。支持园区整合企业，统一享受大工业用电电价、参与电力直接交易，加快推进园区增量配电业务改革试点。

三、发挥经济带、城市群的协调功能

充分利用经济带、城市群在区域协调发展中的促进功能。经济带、城市群具有区域协调的功能，既可以解决中心城市过度集聚的"大城市病"，也可以解决周边区域缺乏规模经济、集聚经济带来的"小城镇病""农村病"。加快打破行政区划边界的束缚，使城市群内不同城市之间更多依靠经济纽带形成连片发展格局。改变特大城市群过度集中在沿海地区的局面，发展壮大长江中游城市群、成渝城市群，加快形成带动中西部发展的全国性增长极。推广新型"飞地经济"合作模式，通过建设"双向飞地"，加强上海大都市圈对成渝地区双城经济圈欠发达城市的引领带动，这样也有利于上海大都市圈盘活空间资源，提升整体的经济承载力。也可以尝试"托管式"合作模式，采取两地共建、利益共享的创新模式，进一步增强资源在空间中的优化配置能力。构建由政府引导、市场主导，企业、金融、铁路等多元主体互动合作的区域发展新模式。①

第三节　统筹推进人口、资源、环境可持续发展

党的二十大报告明确指出"必须牢固树立和践行绿水青山就是金山银山的理念，站在人与自然和谐共生的高度谋划发展""统筹水资源、水环境、水生态治理，推动重要江河湖库生态保护治理"。在长江流域综合治理中，要统

---

① 张学良．立足双循环新发展格局　长江经济带构筑高质量发展"增长极"［N］．中国经营报，2022-05-07.

筹推进人口、资源、环境可持续发展。

一、推进人与自然和谐共生

从可持续发展的目的而言，作为可持续发展中心的人的全面发展，其核心就是人的素质的全面提高。要充分利用上海、南京、武汉、重庆、成都、合肥、杭州、长沙等城市科教资源丰富的优势，带动长江经济带人口素质的提高，将正在消失的人口数量红利转变为人口质量红利。人口素质的提高与社会发展的目标是一致的，是社会发展目标得以实现的必备条件。人口素质的提高过程，也就是可持续发展目标的实现过程。

从环境保护和合理利用资源的角度看，随着人口素质的提高，人们不仅具有更先进的环境保护意识，也会发明和掌握更多的环境保护技术和资源合理有效利用技术。这对于资源环境对发展的持续支撑能力的提高将具有最直接的意义。可见，资源环境的持续发展离不开人口素质的提高。要统筹好经济社会发展与人口、资源、环境的关系，实现在发展中保护、在保护中发展。牢固树立和践行"绿水青山就是金山银山"的理念，站在人与自然和谐共生的高度谋划发展，在保护生态环境中保护自然价值和增值自然资本，保护经济社会发展潜力和后劲，推动绿水青山持续转化为金山银山。

二、始终坚持"生态优先、绿色发展"理念

生态兴则文明兴，生态衰则文明衰。流域是以河流为中心、由分水线包围的区域，是从源头到河口的完整、独立、整体性极强的一个自然区域，承载着人类历史，繁衍着人类文明。流域是由山水林田湖草等构成的生命共同体，是一种独特的自然资源。流域的自然属性突破了传统的行政区划与边界，是具有层次结构和整体功能的复合系统，其不仅构成了社会经济发展的资源基础，同时也是诸多水问题和生态问题的共同症结所在。①

要把修复长江生态环境摆在压倒性位置，构建综合治理新体系，统筹考虑水环境、水生态、水资源、水安全、水文化和岸线等多方面的有机联系，推进长江上中下游、江河湖库、左右岸、干支流协同治理。以山水林田湖草是一个

① 王星，贺建．流域水污染治理存在问题及对策研究［J］．广东化工，2020，47（12）：163.

生命共同体的理念统筹长江流域综合治理，不仅能够改善长江生态环境和水域生态功能，提升生态系统质量和稳定性，而且能够加快构建绿色生态产业体系，推动绿水青山转化为金山银山，有助于统筹好生产、生活、生态三大空间布局，充分体现了生态优先、绿色发展。

三、培育发展城市水文化

长江流域综合治理能够以“城水耦合”“人水和谐”新理念重塑城市建设与水环境之间良性友好的整体关系，推进人水和谐共生，提升城市韧性水平①。通过水资源总量测算与调配，确定合宜的人口和用地规模，优化城市产业类型及布局，并制定节水发展目标与模式，有利于实现城市水资源集约节约利用。长江流域综合治理重视从河道硬化渠化以及排水系统工程化向“海绵城市”倡导的韧性城市转型，更加注重精准预测水灾害风险，有助于在宏观层面构建流域统筹应对洪水的解决方案，在微观层面构建适应城市自然地形与人工建成空间形态的海绵基础设施系统，提高河湖与城市蓝绿系统韧性应对雨洪风险的调蓄能力。通过充分利用城市水岸空间，精心规划滨水用地功能和空间形态，优先布置各类公共服务设施，支持有活力的滨水特色产业发展，能够充分挖掘城市水文化精神价值，实现经济、文化、社会等多重价值的共赢发展。

第四节　统筹国内国际两个市场、两种资源

长江经济带要发挥大江、大通道、大市场的优势，优化提升沿江、跨江、陆海的大通道体系，高标准推动全国统一大市场建设，统筹国内国际两个市场、两种资源，加快融入全国构建以国内大循环为主体、国内国际双循环相互促进的新发展格局。

湖北提出，充分发挥“九省通衢”的区位优势、雄厚的教育科技人才基础、扎实的产业基础，打造国内大循环的重要节点，加快推进现代流通设施建设，营造市场化、法治化、国际化一流营商环境，建设国内国际双循环的重要枢纽，构建国内国际双循环的要素链接、产能链接、市场链接。加快建设长江

① 李浩．着力推进“人水和谐”的绿色城镇化［EB/OL］．https：//news.cjn.cn/zjjdpd/yw_20048/202302/t4441587.htm.

水铁联运重要节点，实现省内主要港口铁路集疏运“最后一千米”全覆盖。发展水水联运，创新陆空联运，持续推动国家级多式联运示范工程建设。大力引进头部供应链管理和多式联运企业，培育一批平台物流企业和多式联运综合服务商。值得一提的是鄂州机场，作为全球第四个、亚洲第一个货运机场，其货运量已名列全国机场前茅。目前正在加快建设国际一流航空货运枢纽，持续推进航空货运体系建设，大力发展现代航空物流，全力支撑湖北省打造国内大循环的重要节点和国内国际双循环的重要枢纽，畅通湖北连接世界的市场通道，“空中出海口”的大门正越开越大。

重庆地处长江上游，深居内陆，远离海洋，曾长期是对外开放的“末梢”。穷则思变，重庆谋划向西开放，以铁路为载体打通一条由内陆直达欧洲的国际物流大通道，全国首趟中欧班列（渝新欧）应运而生。在重庆的带动下，武汉、成都、义乌等地的中欧班列如雨后春笋般涌出。有了中欧班列（渝新欧）的经验，重庆谋划了一条重庆铁路港—广西北部湾港—新加坡港联动的新路线，以实现“一带一路”无缝衔接、内陆口岸与全球连接、中西部与东盟联动发展，开辟出西部陆海新通道。在重庆的带动下，西部陆海新通道形成了多方共建机制，发展迅速。2019 年，西部陆海新通道正式上升为国家战略，重庆成为其运营组织中心，牵头通道省际协作等相关事宜。

2021 年，在第三届西洽会上，湖南省怀化市融入西部陆海新通道建设。由此，怀化在中部地区率先开通了冷链国际班列，打通东盟热带水果直抵中国内地的快捷通道。通过湖北、湖南、江西长江中游三省会商机制，怀化渐成湘鄂赣三省东盟货物集结中心。中心可以为怀化和三省在更大国际空间配置资源，有利于更好地统筹国内国际两个市场、两种资源。数据显示，2022 年怀化在中部地区率先双向开行中国至老挝、中国至越南国际铁路货运班列，中老班列货物发运量位居中国第三、开行班列数量位居中部第一。为构建与东盟产业互补的外贸型产业体系，怀化以木薯产业为突破口，在加工、仓储、销售等全环节加强与老挝、泰国等东盟国家的合作，并带动水果、橡胶、碎米、香辛料等临港产业的发展，形成“东盟资源—怀化制造—RCEP 市场”的产业链集群。①

① 付敬懿，雷明雄．湖南怀化渐成湘鄂赣三省东盟货物集结中心［EB/OL］．中国新闻网，2023-02-22.

第三章　国内外流域综合治理的经验借鉴

面临日益严峻的水资源短缺、水环境污染和生态退化等问题，我国各大流域的综合治理不仅是实现水安全的必要途径，也是促进区域可持续发展的关键。在此背景下，本章旨在通过介绍国内外流域综合治理案例，以期为长江流域综合治理提供经验借鉴和策略参考。

第一节　国内流域综合治理的典型案例

珠江、黄河、松花江及海河流域在我国具有重要地位，很早就开始了流域治理。本节将通过分析这些流域在治理过程中所遇到的挑战和采取的策略，来寻找适用于不同地理、气候和社会经济条件下的流域治理方式，并探讨其对长江流域的启示。

一、广东省珠江流域综合治理典型案例

（一）流域基本情况

珠江流域总面积为45.37万平方千米，其中中国境内流域面积44.21万平方千米，覆盖了云南、贵州、广西、广东等诸多南方地区。珠江水系主要由西江、北江、东江及珠江三角洲诸河段组成，干支河道呈扇形分布，形如密树枝状。西江是珠江水系的主干流，发源于云南省曲靖市沾益区境内的马雄山，流经云南、贵州、广西、广东等省（自治区），流域面积35.3万平方千米。自江源至出海口依次称南盘江、红水河、黔江、浔江、西江。其主要支流有北盘江、柳江、郁江、桂江、贺江等，西江干流全长2214千米，总落差2130米。北江的正源是浈水，发源于江西省信丰县西溪湾，干支流大部分在广东省境内，流域面积4.67万平方千米，干流全长468千米，总落差310米。东江的上游寻乌水发源于江西省寻乌县大竹岭桠髻钵，干流流经广东省东部，流域面

积 2.7 万平方千米，干流全长 523 千米，总落差 440 米。珠江三角洲是东、西、北三江下游的复合三角洲，有磨刀门等八大出海口。珠江水系干支流总长 36000 千米，通航总里程 14000 多千米，约占全国内河航运里程的 1/8，水运居全国第 2 位。珠江水系见图 3-1。

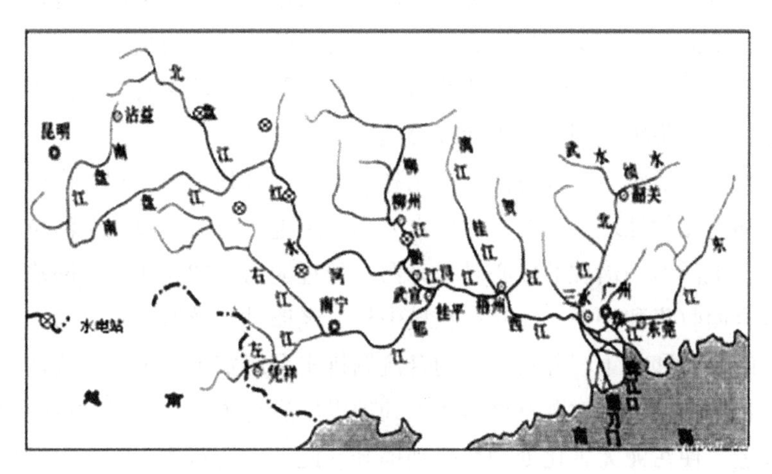

图 3-1　珠江水系图

珠江流域是中国经济的核心区域之一，流域面积大部分在广东省。所形成的珠三角地区，包括广州、深圳、珠海等城市，是流域的经济引擎，其发展水平与长三角地区并驾齐驱。在经济发展的速度上，广东省更是从 20 世纪 80 年代末开始即已领跑全国。尽管珠江流域内部经济发展仍旧存在差异，上游地区相对滞后，但珠三角的繁荣为整个流域带来了巨大的经济活力。珠江还是我国华南地区的生态宝库，它的健康直接关系到广东省居民的生活品质和区域的可持续发展。然而，伴随着经济的迅速发展，珠江流域也面临着一系列环境挑战，例如水污染和生态退化等问题。因此，如何在保护珠江生态环境的同时，继续保持和推动经济的稳定发展，是一个需要深入研究和探讨的重要话题。

（二）综合治理措施

1. 全面控制污染物排放

在广东省对珠江的综合治理工作中，政府制定了一系列致力于控制污染排放的政策，涵盖了从工业污染防治、城镇生活污染治理、农业农村污染防治，到船舶和港口污染控制等诸多方面①。

在工业污染防治领域，广东省已推出一系列政策。首先，强化了对工业污染的管理，限期整顿并关闭诸多规模小且污染严重的企业。其次，对于一些特定行业，如造纸、焦化、氮肥、印染、制药、制革等，提出了清洁化改造的要求，力图从源头上控制污染。最后，对工业聚集区的水污染治理也提出了严格要求，主要涉及对环保基础设施的排查、污水的预处理与集中处理、在线监测系统的检查。同时，对于新建或改造的工业集聚区，广东省要求同步考虑并建设污水、垃圾集中处理等相关治理设施②。

在城镇生活污染治理方面，广东省已采取一系列措施。相关措施主要集中于污水和污泥的处理，对既有的污水处理设施进行改造，以及生活垃圾的无害化处理。生活污染治理的核心是提升污水处理能力和加速相应管网建设，确保污水被全面收集和处理。尤其是在城中村、老旧城区及城乡接合部，对污水进行有效的截流和收集，并对原有的合流制排水系统实施雨污分流改造。在敏感区域和特定城市区域对既有城镇污水处理设施进行了改造，对污泥处理设施进行了改造，使污泥无害化处理率得到提升。此外，还新建了诸多生活垃圾无害化处理设施，并确保垃圾填埋场的渗滤液得到有效的处理。

广东省还针对农业农村污染制订了一系列防治措施。包括严格控制畜禽养殖污染，科学划定禁养区和配套建设粪便污水处理设施；实施多项控制农业面源污染的策略，如推广低毒农药、实施测土配方施肥、完善农田建设标准等；调整种植业结构，推广生态农业模式，减少化肥、农药使用量，推进农业清洁生产。

在船舶和港口污染控制方面同样制定了明确的政策。对不达标的船舶实施限期淘汰，并对港口码头污染防治提出了具体要求，包括制订实施污染防治方案、加快垃圾和污水处理设施建设、提高污染事故应急能力等，并确保相关设施在规定的时间内达到建设要求。

2. 着力节约保护水资源

广东省在水资源保护方面采取了一系列明确的策略和行动，特别强调控制

① 广东省人民政府．广东省水污染防治行动计划实施方案［EB/OL］．广东省水利厅网，2019-06-25.

② 广东省人民政府．广东省“三线一单”生态环境分区管控方案［EB/OL］．广东省人民政府网，2021-01-05.

用水总量。该省实施了严格的水资源管理制度，完善了取用水总量控制指标体系，并在经济社会发展规划、城市规划及重大建设项目布局中充分考虑水资源和防洪要求。对水量使用达到或超过控制指标及水质严重超标的地区，其新建项目的新增取水许可审批已被暂停。同时，实施了计划用水管理，严格执行《广东省用水定额》地方标准。2016年年底已建立重点监控用水单位名录和动态数据库。此外，省内严格控制地下水超采，包括进行地质灾害危险性评估和规范机井建设管理①。

着重提高用水效率。广东省已经确立了一套包括万元GDP水耗、万元工业增加值水耗在内的用水效率指标评估体系，并且已将节水目标完成情况纳入各级政府绩效考核指标中。在城镇节水方面，已经制定并实施了系列标准，对全省公共供水管网漏损率提出了明确要求。同时，在农业节水方面，对大型灌区节水设施进行改造，提升农业用水效率。

此外，广东省还从强化水资源的保护考核评价体系、加强江河湖库的管理、科学确定生态流量等方面积极推进水资源保护。首先，强化了水资源的保护考核评价体系，严格核定了主要江河湖泊的水域纳污能力。其次，加强了江河湖库的管理和水量调度，推进河道和水利工程管理范围的划界确权工作，并编制实施主要江河的水量调度方案。通过采取多种措施，如闸坝联合调度和生态补水，合理安排闸坝的下泄水量和泄流时段，维持河湖的基本生态用水需求，并在枯水期重点保障生态基流。

3. 推动经济结构转型升级

广东省在流域综合治理中，积极运用经济手段，通过调整产业结构、优化空间布局、发展绿色产业和循环经济等多种策略，实现环境保护与经济发展的双重目标②。

积极地推动产业结构的调整，以助力流域的综合治理。该省已要求各主要城市结合水质改善和产业发展情况，根据相关产业目录和污染物排放标准，制订并实施了落后产能淘汰方案。此外，要求各市每年的落后产能淘汰方案及执行情况均须提交省经济和信息化委、环境保护厅备案。在环境准入上，严格执

① 广东省人民政府．广东省水污染防治行动计划实施方案［EB/OL］．广东省水利厅网，2019-06-25.

② 广东省人民政府．广东省水污染防治行动计划实施方案［EB/OL］．广东省水利厅网，2019-06-25.

行《广东省地表水环境功能区划》和《广东省近岸海域环境功能区划》等政策，并根据不同的水域制定了差异化的环保准入策略。例如，珠三角地区通过提高环保准入门槛，促进产业转型升级，逐步实现水清气净；粤东粤西地区在发展中保护环境，科学利用环境容量，维持环境质量总体稳定；粤北地区在保护中发展，实行严格的环保准入，确保生态环境安全。此外，还建立了水资源、水环境承载能力的监测评价体系，并实行承载能力监测预警。

广东省已经采取了一系列措施来优化产业空间布局，进而推动流域的综合治理。在空间布局方面，要求重大的项目集中建设于优化开发区和重点开发区。在东江、西江、北江和韩江等供水通道敏感区域，禁止化学制浆、印染、鞣革、重化工、电镀、有色和冶炼等重污染项目的建设。同时，依法关闭了大批拒不进入定点园区的重污染企业。还对城市内污染较重的企业进行了搬迁改造。最后，在生态空间保护上，在各地级以上城市划定蓝线管理范围，保留一定比例的水域面积，并严格要求新建项目不违规占用水域。

广东省重视绿色产业和循环经济的发展。省内强化了节水减排的刚性约束，并积极引导低消耗、低排放和高效率的先进制造业和现代服务业的发展。针对高耗水行业如钢铁、纺织印染、造纸、石油石化、化工、皮革、电镀等，出台了优惠政策，鼓励其实施绿色化升级改造和废水深度处理回用，同时着力推进工业园区的生态化建设。还注重再生水的利用，要求大型公共建筑安装中水设施，并鼓励新建住房安装相关设备。在沿海地区，大力推动电力、化工、石化等行业直接利用海水作为循环冷却等工业用水，并在有条件的城市加快推进淡化海水作为生活用水的补充水源。

4. 发挥市场机制的作用

广东省在珠江流域的保护和治理中，充分利用了市场机制，采取了多种策略①。第一，适时调整水价，采用了居民阶梯水价制度，并执行了非居民用水超定额累进加价制度。第二，修订水资源费的征收管理方法，并适当提升了其征收标准。第三，鼓励社会资本、港澳台及国外资金参与水环境保护，积极推动融资担保基金的设立。第四，建立节水环保“领跑者”制度，鼓励和支持节能减排先进企业。第五，省内推行绿色信贷，重点支持循环经济、污水处理等领域，并严格限制环境违法企业贷款。

---

① 广东省人民政府．广东省水污染防治行动计划实施方案［EB/OL］．广东省水利厅网，2019-06-25.

5. 强化科技支撑

广东省通过推广适用技术、攻关研发前瞻技术、大力发展环保产业三方面的策略进一步强化水资源的保护和管理①。省内不仅加速了饮用水净化、节水、水污染治理及循环利用等技术的推广应用，完善环保技术评价体系，并发挥企业在技术创新中的主体作用，该省通过省级科技计划加快重点行业废水处理、海水淡化、饮用水微量有毒污染物处理等技术的研发，并开展一系列水环境与健康相关的研究。此外，省内还规范环保产业市场，全面梳理涉及环保市场准入、经营行为的法规、规章和规定，并推进节水、治污、修复技术和装备的产业化发展。

6. 严格环境执法监管并规范生态环境行政处罚自由裁量权

广东省还通过一系列法制手段对珠江流域进行保护和治理。首先，省内研究制定《广东省水污染防治条例》，修订相关的区域、流域和饮用水水源水质保护条例，并采取一系列的水源保护模式。同时，广东省针对特定行业和流域设定严格的水污染物排放标准，并针对某些特定的河流制定了地方性的水污染物排放标准，定期公布环保“黄牌”“红牌”企业名单，抽查排污单位排放达标情况。此外，实施重点环境问题和重点污染源的挂牌督办制度，并每年开展环保执法专项行动。对于违法行为，如私设暗管、监测数据弄虚作假等，严格落实赔偿制度，对构成犯罪的行为依法追究刑事责任。

此外，广东省还通过提升监管水平、完善水环境监测网络和提高环境监管能力等法制手段，对流域进行全面的保护和治理，并对生态环境处罚过程中的自由裁量权进行严格规定。珠三角区域建立珠江三角洲区域水污染防治联席会议制度，而六河流域也建立环境综合整治联席会议制度，每季度至少举行一次联席会议，以加强流域上下游各级政府和各部门之间的协调配合。在水环境监测网络方面，实施一系列的措施，包括统一规划设置监测断面、实时监控、加密监测等。实行环境监管网格化管理，并加强环境监测、环境监察、环境应急等专业技术培训，严格落实执法、监测等人员的持证上岗制度。此外，明确指出“A类水污染物”指的是《污水综合排放标准》（GB 8978—1996）中规定的第一类污染物、列入生态环境部公布的《有毒有害水污染物名录》中的水

① 广东省人民政府．广东省水污染防治行动计划实施方案［EB/OL］．广东省水利厅网，2019-06-25.；广东省人民政府．广东省新污染物治理工作方案［EB/OL］．广东省人民政府网，2023-02-27.

污染物，以及铊、锑、镍、铜、锌、钒、锰、钴八种污染物；“B类水污染物”，指除A类水污染物以外的其他污染物，进一步降低了执法过程中的自由裁量空间①。

7. 明确和落实各方责任

广东省通过明确各方责任，强化政府和排污单位的职责，严格目标任务考核，以及加强部门间的协调联动，全面推进流域的保护和治理工作。在此基础上，省政府与各地政府签订了水污染防治目标责任书，确保各级政府明确自身在水污染防治中的职责，并通过制订水污染防治工作方案，逐年确定分流域、分区域、分行业的重点任务和年度目标。同时，加大财政资金投入，支持各类水环境保护项目，并要求各地政府从国有土地出让收益中划拨一定比例的资金用于城镇污水和垃圾处理设施的建设。此外，建立全省水污染防治协作机制，协调推进全省的水污染防治工作，并要求各排污单位严格遵守环保法律法规，加强污染治理和自行监测。对未能完成年度目标任务的地区和单位依法依纪追究责任，确保水污染防治工作的顺利进行。

8. 强化公众参与和社会监督

在流域保护和治理方面，广东省注重强化公众参与和社会监督，通过依法公开环境信息、加强社会监督以及构建全民行动格局来实现水环境的持续改善②。省政府每年公布上一年度的优良水体和城市水体环境质量综合排名，并定期公布各地级以上市的水环境质量状况。同时，重点排污单位被要求向社会公开主要污染物的相关信息，以及污染防治设施的建设和运行情况。此外，广东省通过公开曝光环境违法案件和健全举报制度来加强社会监督。

（三）经验借鉴

在广东省的珠江流域综合治理实践中有如下值得借鉴的经验。第一，发挥市场机制的作用，通过价格调控、收费政策、多元融资、激励机制、绿色信贷和环境补偿等多种市场机制，成功地推动珠江流域的保护和治理工作，这为长江流域提供了经济手段方面的参考。第二，着力节约保护水资源方面，通过严格的水资源管理制度和用水效率的提升，展现了在水资源保护方

---

① 广东省人民政府．广东省生态环境行政处罚自由裁量权规定［EB/OL］．广东省人民政府网，2021-11-14.

② 广东省人民政府．广东省新污染物治理工作方案［EB/OL］．广东省人民政府网，2023-02-27.

面的显著决心和行动，这为长江流域在控制用水总量和提高用水效率方面提供了有益的启示。第三，强化科技支撑方面，通过推广适用技术、攻关研发前瞻技术、大力发展环保产业，全面强化了水资源的保护和管理，为长江流域的科技创新和环保产业发展提供了借鉴。第四，严格环境执法监管方面，通过法制手段对流域进行保护和治理，采取建设法规和标准体系、加大执法力度以及严厉打击环境违法行为等措施，为长江流域在法规制定和执法方面提供了参考。第五，明确和落实各方责任方面，通过明确各方责任，强化政府和排污单位的职责，加大资金投入，严格目标任务考核，以及加强部门间的协调联动，全面推进流域的保护和治理工作，这为长江流域在责任分配和协调方面提供了借鉴。第六，强化公众参与和社会监督方面，通过依法公开环境信息、加强社会监督以及构建全民行动格局来实现水环境的持续改善，这为长江流域在公众参与和社会监督方面提供了借鉴。

二、陕西省黄河流域综合治理典型案例

（一）流域基本情况

黄河流域横跨青藏高原、内蒙古高原、黄土高原、华北平原等四个地貌单元。地势西高东低，西部河源地区平均海拔在4000米以上，常有冰川地貌，中部为黄土地貌，东部为冲积平原。与其他各大流域不同，黄河中、下游地区泥沙量巨大，这使得下游地区因泥沙淤积而形成“地上悬河”。

陕西省地跨长江、黄河两大水系，同时也包含南方北方两个地域。既然被称为三秦之地，自然省内也会被划分出三个地区，分别为黄河流域陕北地区、黄河流域关中地区和长江流域陕南地区。陕西黄河流域不仅是重要的粮食产区，还拥有丰富的矿产和能源资源。随着工业化和城镇化的推进，该区域的重化工业迅速崛起，轻工业和高新技术产业也得到了长足的发展。同时，西安等城市已成为重要的商务和服务中心。凭借丰富的历史文化遗迹和自然风光，该区域的旅游业也日益兴旺。然而，在经济迅猛发展的同时，陕西省黄河流域亦面临着水污染、生态退化等一系列环境问题的挑战，必须引起高度重视，予以综合治理。陕西省水系流域范围见图3-2。

（二）综合治理措施

1. 从源头推动流域内经济社会绿色发展

陕西省在黄河流域环境保护和产业结构调整方面制定了一系列具体且严格

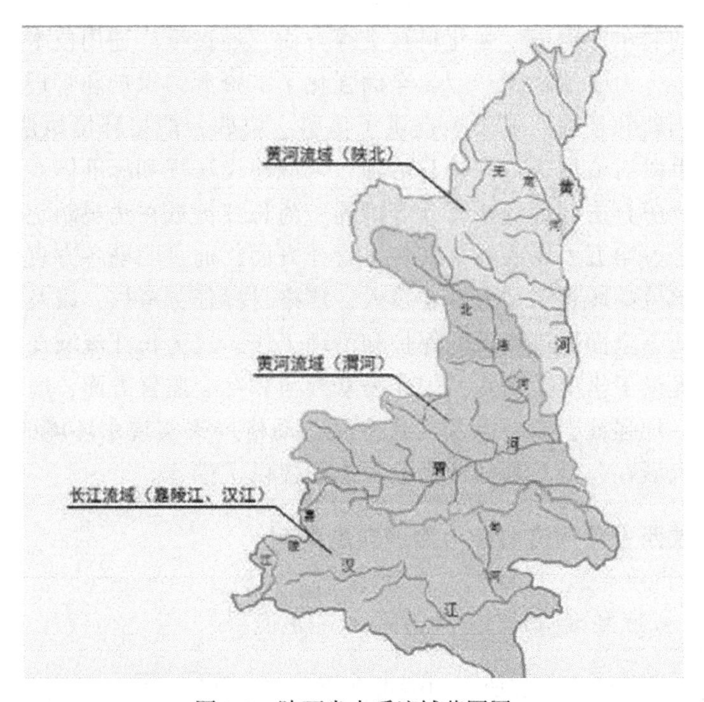

图 3-2　陕西省水系流域范围图

的政策措施，主要包括实施差别化的环境准入政策，依法淘汰落后产能，优化发展的空间布局，推动污染严重的企业有序搬迁，依法保护生态空间，以及持续推进工业废水循环利用和再生水利用①。这些措施不仅针对不同地区（如关中、陕南、陕北地区）和不同行业（如化学制浆造纸、化工、印染、果汁和淀粉加工等高耗水、高污染项目）制定了具体的环保要求，还明确了各项政策的实施主体和时间节点。同时，该省还强调在城市规划区范围内要保留一定比例的水域面积，严格控制新建项目的水域占用。

2. 全面控制污染物排放

陕西省还采取了一系列策略以全面控制污染物排放，涵盖了工业、农业、城镇生活等多个领域②。首先，实施多个流域的水污染防治行动方案，并对工

---

① 陕西省人民政府．陕西省黄河流域生态保护和高质量发展规划［EB/OL］．群众新闻网，2022-04-20.

② 陕西省人民政府．陕西省水污染防治工作方案［EB/OL］．陕西省人民政府网，2016-03-18.

业污染进行严格管控，包括取缔重污染小企业、专项整治重点行业、集中治理工业集聚区水污染等，取缔不符合国家产业政策的小型工业企业。其次，强化城镇生活污染治理，包括加快城镇污水处理设施建设与改造、推进污泥处理处置、建设人工湿地、整治城市黑臭水体。最后，推进农业农村污染防治，包括科学划定畜禽养殖禁养区、推进生态健康养殖、控制农业面源污染、调整种植业结构与布局、控制环境激素类化学品污染和加快农村环境综合整治等多个方面。

3. 借助科技降低水污染治理成本

在陕西省实施的一系列治理政策中，科技的引领作用被高度强调，旨在通过多维度的技术推广、研发和产业发展降低水污染治理成本①。首先，该省强调推广适用技术示范，包括饮用水净化、节水、水污染治理及循环利用等多个领域，并倡导企业、科研院所和高等院校之间成立技术创新战略联盟，以促进科技成果的共享与转化。其次，关注攻关研发前瞻技术，强化了在废水深度处理、生活污水低成本高标准处理等方面的科研力度，并在多个领域加强了国际交流合作。此外，强调大力发展环保产业，包括规范环保产业市场和推进节水、治污、修复技术和装备的产业化发展。该省还提倡加快发展环保服务业，明确了各方责任和义务，并推行了环境污染第三方治理。

4. 严格水环境执法监管

陕西省通过健全法制、严格执法、提升监管水平等多方面手段确保水环境的保护与管理②。该省实施的政策内容涵盖了完善法规体系，包括贯彻和修订多项与水污染防治相关的条例；完善标准体系，修订污水排放标准并建立相关体系；加大执法力度，实施全面稳定达标排放并对不合规企业实施处罚；完善省级巡查和设区市检查的环境监督执法机制；严厉打击环境违法行为，并严格落实赔偿制度。这些政策不仅涉及法规的制定和修订，还包括环保标准的设定、执法力度的加大、监管水平的提升等多个方面，形成了一个全方位、多层次的水环境保护和管理体系。

5. 分区域精准治理

陕西省针对不同地区的水环境问题，实施了一系列分区域精准治理的政策

① 陕西省人民政府．陕西省水污染防治工作方案［EB/OL］．陕西省人民政府网，2016-03-18.

② 陕西省人民政府．陕西省水污染防治工作方案［EB/OL］．陕西省人民政府网，2016-03-18.

措施①。在陕北地区，侧重于水环境风险防控，确保水资源不超载，并规定了延河、无定河的总体生态水量不低于天然径流量的30%。在渭河流域，强调污染治理，保证渭河生态需水要求。在汉丹江流域，目标是构建水质保护屏障，通过加强生态环境综合整治、严格划定禁采、禁伐、禁牧区、加大退耕还林力度等措施，增强水源涵养能力和控制面源污染。这些政策措施涵盖了水资源的保护和利用以及污染的防治和生态的修复。

6. 突出抓好水土保持

在陕西省针对黄土高原水土流失的综合治理中，政府明确了一系列的策略和实施方案，尤其聚焦于陕北丘陵沟壑区、陕北风沙区及渭北黄土塬区等关键地域，力求减缓入黄泥沙的速率并优化黄土高原的生态景观②。相关政策文件细化了在黄土高原实施水土流失治理的多个维度，包括实施项目导向的战略、强化水土保持的重点工程建设、在多个关键区域执行水土保持工程、加强水土保持的预防和监督工作、提升监管能力等。此外，淤地坝建设的重要性也在政策中得到了强调，提出了在总体布局上以支流为骨架、以小流域为单元，并在条件允许的沟道小流域中优先进行坝系建设的策略。同时，政府也强化了淤地坝的安全运用和监管，注重淤地坝的科技研究，并完善了淤地坝的管理制度。这些措施旨在通过综合治理手段，实现水土流失的有效控制，并进一步改善黄河流域的生态环境。

7. 大力发展高效旱作农业

陕西省强调大力发展高效旱作农业的重要性，并采取了一系列综合性策略。提出了一系列旱作农业实施策略，包括优化传统农牧业生产方式、改善基础设施、推广新技术，实现水土保持与高效旱作农业的协同发展③。在重点区域（如白于山区和黄河沿岸丘陵沟壑区）通过建设旱作梯田、推动新技术装备集成工程、创建示范区等，进一步推动旱作农业发展。支持杨凌建设世界知名农业科技创新示范区和榆林等地建设全国旱作农业示范基地，提供科技支撑，确保干旱半干旱地区现代农业发展。

---

① 陕西省人民政府．陕西省水污染防治工作方案［EB/OL］. 陕西省人民政府网，2016-03-18.

② 陕西省人民政府．陕西省黄河流域生态保护和高质量发展规划［EB/OL］. 群众新闻网，2022-04-20.

③ 陕西省人民政府．陕西省黄河流域生态保护和高质量发展规划［EB/OL］. 群众新闻网，2022-04-20.

8. 全力保障黄河长治久安

陕西省关于黄河流域的治理策略和实施方案强调了水沙关系的科学调控、防洪水平的提升以及灾害应对体系和能力建设的加强。首先，通过深入研究黄河流域的生态环境、侵蚀产沙、暴雨洪水等多方面因素，实施综合性的水沙调控措施，包括“拦、调、排、放、挖”等多种手段，并通过实时监测预警系统平台，实现黄河水沙关系的科学管理。其次，结合黄河流域的综合规划和防洪规划，实施多个河道治理工程，以及加快城市排涝河道和重点调蓄湖库的治理，以提高防洪水平。最后，完善防汛抗旱及地质灾害的应急管理响应机制，加强水文和气象监测预报的现代化建设，完善突发事件应急预案体系，并加强宣传教育，提高社会民众的自然灾害防范意识，以构建一个更为健全的灾害应对体系①。

9. 推动全民通力参与

陕西省在推动全民共同参与水环境保护方面同样制定了一系列政策和措施②。首先，强化各级政府在水环境保护中的责任，其中包括建立省重点流域水污染治理协调机制，并要求各级地方政府作为实施主体，制订并实施年度方案。其次，强调部门间的协调联动，要求各相关部门根据职责分工，加强本行业污染防治的技术指导和督促检查。此外，社会监督也得到加强，通过各种公益活动和媒体专栏，为公众和社会组织提供法规培训和咨询，并邀请他们参与重要的环保执法行动和重大水污染事件调查。政府还倡导“节水洁水，人人有责”的行为准则，加强宣传教育，提高公众的环保意识，并支持民间环保机构和志愿者的工作，推动节约用水和绿色消费③。

（三）经验借鉴

陕西省在黄河流域综合治理方面的多元化策略和实施方案为长江流域的综合治理提供了丰富的经验借鉴。首先，多维度的综合治理策略在陕西省的实践中表现突出。例如，在水土流失、高效旱作农业发展、黄河长治久安等方面，政府通过执行项目导向战略、强化工程建设、实施水土保持工程等多维度策

---

① 陕西省人民政府．陕西省黄河流域生态保护和高质量发展规划［EB/OL］．群众新闻网，2022-04-20.

② 陕西省人民政府．陕西省“十四五”节能减排综合工作实施方案［EB/OL］．陕西省人民政府网，2023-04-03.

③ 陕西省人民政府．陕西省节约用水办法［EB/OL］．陕西省人民政府网，2022-08-04.

略，实现了水土流失的有效控制和生态环境的改善。其次，科技的引领作用在降低水污染治理成本、提升治理效率方面发挥了关键作用，通过推广适用技术、攻关研发前瞻技术、发展环保产业和服务业等实现科技与治理的深度融合。再次，严格的水环境执法监管体系确保了水环境保护与管理落到实处，包括完善法规体系、加大执法力度、提升监管水平等多个方面。从次，针对不同地区的水环境问题实施了精准的治理措施，确保了治理方案的针对性和有效性。最后，通过强化政府责任、部门协调、排污单位规范、社会监督和公众参与，构建了一个多主体参与的水环境治理体系。这些经验在长江流域的综合治理中可作为重要参考，通过灵活调整和本地化改造，为长江流域综合治理提供科学、系统的方法论支持。

三、黑龙江省松花江流域综合治理典型案例

（一）流域基本情况

松花江源于长白山，为黑龙江的两大源头之一，横贯吉林和黑龙江两省，在同江附近汇入黑龙江。作为中国东北地区的主要水系，该流域内部遍布着大量的肥沃黑土地，是国内重要的大米和大豆生产区域。同时，松花江流域拥有丰富的自然资源，如林业资源、矿产资源、农业生产用地等，并逐渐从传统的资源型经济向多元化的经济结构转型，包括现代制造业、服务业及技术产业。然而，该流域正面临严峻的环境挑战。一方面，上游的工业排放和农业活动导致水体受到污染，使得水质出现明显下降。另一方面，过度伐木和土地管理不当造成森林资源和土壤受损，生态平衡遭到破坏。松花江流域范围见图 3-3。

（二）综合治理措施

1. 全面防治水污染

黑龙江省针对工业、城镇和农业三个方面出台了一系列严格的水污染治理政策，无论是工业企业的废水排放，城镇的污水处理，还是农业生产的化肥与农药应用，都被纳入了严格的监管之中①。

工业污水治理方面，黑龙江省要求县级以上政府优化工业布局，促进工业集聚，并鼓励水资源的分类循环利用和集中治理。所有涉及工业废水排放的实体需确保废水经过有效处理，特别是对有毒有害成分进行有效处理，不满足城

---

① 黑龙江省人民政府．黑龙江省水污染防治条例．2023.

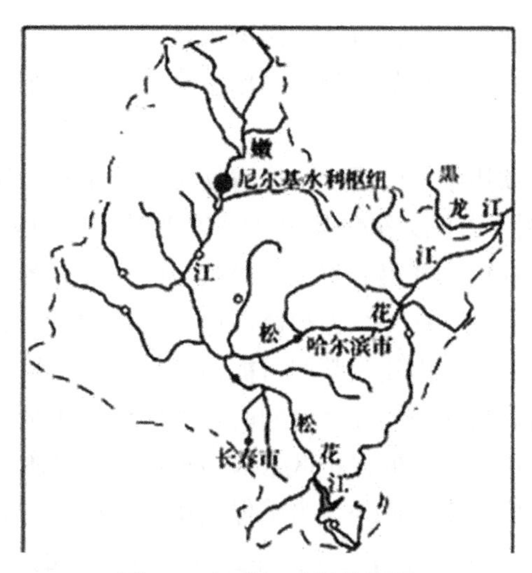

图 3-3　松花江流域范围图

镇污水集中处理要求的实体将被限制使用城市污水系统。同时，要求市一级生态部门须对工业集聚区的废水排放进行监测，并在发现排放质量不达标时，增加监测频次。此外，还要求排放实体在其污水排入处设立取样井，以便监管部门取样。

城镇污水治理方面，黑龙江省强调，县级及以上政府必须依据水污染防治相关总体规划，科学确定城镇排水与污水处理设施的建设标准，整合并提升城镇污水的收集和处理能力，并要求住房和城乡建设主管部门组织城镇污水处理设施的建设，确保配套管网与处理设施同步发展。运营单位除需保证处理后的出水质量符合标准外，还需承担处理过程中产生污泥的处理责任。新建城区必须实行雨水、污水分流，而老旧城区应逐步进行改造，以实现雨污分流。该省还强调，城镇地区不得向雨水收集口或管道中排放污水或废弃物，医疗机构及其他特定单位产生的危险废物需单独收集并妥善处置，禁止其进入排水管网或非法排放。

在农业和农村水污染防治方面，黑龙江省要求县级以上政府及相关部门积极指导农业生产者科学、合理地施用化肥和农药，并推广相关先进技术，以防止水污染。对于使用化肥和农药的农业生产者，要求其遵循国家规定和标准，鼓励使用低毒、低残留农药和现代喷施技术。若化肥和农药导致水体污染，政府可以限制其在特定区域的使用。该省还要求规模化的畜禽养殖场应完备相应的污染防治设施，确保废弃物的综合利用、无害化处理。而小规模畜禽养殖户需合理处理畜禽粪便和污水，以防止污染水体。对于畜禽散养密集区，县级政府应确定此类区域，并组织集中处理利用畜禽粪便和污水。

2. 注重饮用水源保护

黑龙江省注重饮用水源的保护。该省规定，饮用水源保护区分为一、二级保护区，并在必要情况下设置准保护区。各级保护区的划定和调整须经有关市、县级人民政府提议，并得到省级人民政府的批准。各保护区需设置明确的地理界标和警示标志，并在一级保护区周边人类活动频繁的区域设置隔离防护设施。严格禁止在保护区内建设某些可能污染水源的项目，但有关保护区内原有居民的居住和新农村建设的除外。同时，考虑到饮用水水源的安全性，要求在公路、桥梁、航道等附近的保护区采取防护和管控措施，以避免危险化学品泄漏事故对水源造成污染。此外，为确保饮用水的稳定供应，单一供水源的县人民政府需要建设应急或备用水源，并鼓励条件允许的地区进行区域联网供水。

3. 重视水污染事故处置

黑龙江省要求，县级及以上人民政府和相关部门需按照《中华人民共和国突发事件应对法》的规定，做好突发水污染事故的应急准备、应急处置和事后恢复等工作。有可能引发水污染事故的企业或事业单位应制定应急预案，并确保应急物资的储备与定期的演练。若发生可能引起水污染的突发事故，相关单位必须迅速启动应急方案，采取紧急措施以防止污染物入水，及时通知可能受害的单位与居民，并立刻向相关政府和生态环境主管部门报告。收到报告的生态环境主管部门应进行污染源核查，并向相关政府及上级部门报告。一旦突发水污染事故应急处置结束，当地县级及以上人民政府应组织相关部门进行事故调查，评估事故对环境的影响及损失，并公开调查与评估结果。

4. 强调法律责任

黑龙江省规定，对于各级人民政府、生态环境主管部门或者其他负有水污染防治监督管理职责的部门，有不依法履行职责、发现或收到违法举报后不予查处等行为将对责任人员依法给予处分。企业、事业单位和其他生产经营者如果逃避监管、违规排放、未建设污水处理设施、未建取样井、未处理初期雨水等将面临责令整改、罚款的处罚。城镇污水排放、畜禽养殖户违规行为，拆除水源保护区标志和造成生态环境损害均将被追究相应的法律责任。特别地，对于造成生态环境损害的单位或个人，政府、指定机构将与其进行赔偿磋商，如未达成一致，将对相关责任主体提起诉讼。

5. 积极推进经济结构转型

黑龙江省积极推动经济结构转型，助力于流域综合治理。首先，依法淘汰落后产能，通过制订和实施分年度的落后产能淘汰方案，按照相关行业污染物排放标准和产业发展情况，实现产能的合理配置。其次，优化空间布局，按照水资源和水环境承载能力合理确定发展布局、结构和规模，鼓励发展节水高效的现代农业和低耗水高新技术产业，同时严控高耗水、高污染行业在缺水和水污染严重地区的发展。推动污染企业退出，有序搬迁或关闭城市建成区内的重污染企业。再次，严格环境准入，根据水质目标和主体功能区规划要求实施差别化环境准入政策，加强水资源监测和承载能力监测预警，实施水污染物削减方案。最后，推进循环发展，包括加强工业水循环利用和促进污水再生利用，提高工业用水重复利用率和矿井水综合利用率，推动高耗水行业废水深度处理回用和再生水利用，以满足不同领域的用水需求①。

6. 重视新污染物的治理

黑龙江省在新污染物的治理方面展现了显著的前瞻性和独到之处，全面加强了对新污染物的监管和管理。明确了各级政府和相关部门在新污染物治理中的职责和分工，强调了地方政府对于本区域内新污染物治理的总体责任。该省通过建立新污染物治理专家库、进行环境监测和化学物质调查、实施环境健康风险评估等多方面的举措来推动新污染物治理工作的进行。此外，在重点管控新污染物、清洁生产与绿色制造、农药和抗生素的使用管理等方面，该省给出了具体的管控措施，并制定了一系列保障措施，例如，加强组织领导和监管执法、拓宽资金投入渠道、加强宣传引导及信息报送等。明确提出，要在2025年年底前初步建立新污染物环境调查监测体系，促进地区环境的持续改善②。

（三）经验借鉴

黑龙江省在水污染治理上的经验为长江经济带综合治理提供了重要启示。黑龙江省制定了针对不同领域如工业、城镇和农业的严格的水污染治理政策，显示了政策的针对性和全面性。同时，该省强调法律责任，确保了治理措施的执行力度，为长江经济带构建严密的法律监管框架提供了示范。此外，科技的运用，如推行先进技术和管理方法以及资源循环利用，为长江经济带环境治理的科技支撑和创新发展提供了借鉴。

---

① 黑龙江省人民政府．黑龙江省水污染防治工作方案．2016.

② 黑龙江省人民政府．黑龙江省新污染物治理工作方案．2022.

黑龙江省通过推动经济结构转型，促进了环保与经济发展的协同，为长江经济带探索绿色发展和产业升级提供了参考。公众参与和宣传教育的相关举措有助于提高公众环保意识和社会监督能力，为长江经济带的社会共治提供了参考。应急准备与事故处置措施的完善，对于长江经济带面对突发环境事件时的处置措施选择同样具有一定的参考意义。

四、京津冀海河流域综合治理典型案例

（一）流域基本情况

海河流域位于中国的北部，东濒渤海湾，西靠太行山，北与蒙古高原接壤，南接黄河流域，流域总面积 31.82 万平方千米，占全国总面积的 3.3%。流域由高原、山地和平原三种主要地貌构成，其中高原和山地占 60%，平原占 40%，流域内地形呈西北高东南低的特征。

海河流域包括海河、滦河和徒骇马颊河 3 大水系、7 大河系、10 条骨干河流。其中，海河水系是主要水系，由北部的蓟运河、潮白河、北运河、永定河和南部的大清河、子牙河、漳卫河组成；滦河水系包括滦河及冀东沿海诸河；徒骇马颊河水系位于流域最南部，为单独入海的平原河道。各河系分为两种类型：一种是发源于太行山、燕山背风坡，源远流长，山区汇水面积大，水流集中，泥沙相对较多的河流。另一种是发源于太行山、燕山迎风坡，支流分散，源短流急，洪峰高、历时短、突发性强的河流。历史上洪水多是经过洼淀滞蓄后下泄。两种类型河流呈相间分布，清浊分明。

海河流域地跨八个省级行政单位，但其核心部分在河北、北京、天津地区。而以北京为核心的京津冀都市圈是中国的重要经济地带。该区域拥有强大的工业基础，尤其在钢铁、石化和高技术领域，同时服务业也持续快速发展。得益于完善的基础设施和丰富的教育研究资源，流域经济稳健增长。然而，海河流域环境面临着严峻挑战，包括水资源短缺、水质污染、土地退化、空气污染、生态系统退化等问题。究其根本，过度的工业发展、不当的农业实践和城市化进程共同导致了这些问题。在京津冀协同发展重大国家战略实施背景下，应当跨区域开展综合治理，有效解决这些问题。海河流域范围见图 3-4。

（二）综合治理措施

京津冀地区是海河流域的核心区域，也是国家生态环境保护的重点地区。近年来，京津冀地区高度重视水环境保护工作，不断推进生态建设和污染治

图 3-4　海河流域范围图

理，并取得积极成效。但目前京津冀地区仍是全国水资源短缺、水环境污染较严重、水生态破坏较突出的地区之一。《京津冀协同发展规划纲要》《京津冀协同发展生态环境保护规划》等一系列文件陆续出台，特别是雄安新区的战略定位，对京津冀地区水环境保护提出了更高要求，也为长远谋划区域水环境保护明确了方向。

1. 坚决落实水安全保障

党的十八大以来，京津冀三省市和水利部海河水利委员会紧紧围绕京津冀协同发展、高标准高质量建设雄安新区等国家重大战略和水利改革发展重点领域，坚持“节水优先、空间均衡、系统治理、两手发力”治水思路，充分发挥规划引领作用，加大重大水利工程前期储备，稳定投资规模，为该流域经济社会高质量发展提供了水安全支撑与保障。

以国务院批复的《海河流域综合规划（2012—2030年）》为顶层设计，先后完成海河流域水安全保障方案、流域水中长期供求规划、水资源保护规划、漳河、北运河、蓟运河、潮白河等重要跨省河流综合治理规划、河湖岸线保护规划等专业、专项规划，不断完善以流域综合规划为引领、以专业规划为指导、以专项规划为落实的流域水利规划体系。印发实施《京津冀协同发展水利专项规划》，京津冀有条不紊地推进水安全保障的落实。

2. 全力支持雄安新区建设

雄安新区建设最大的制约因素是水。按照高起点规划高标准建设雄安新区要求，水利部海河水利委员会会同京津冀晋4省（市）水行政主管部门组织编制完成《大清河流域综合规划》，并于2022年获水利部批复实施。《大清河流域综合规划》立足高标准高质量建设雄安新区国家重大战略，坚持以流域为单元，强化流域治理管理，强化全局性谋划、战略性布局、整体性推进，围绕提升流域水旱灾害防御能力、水资源集约节约利用能力、水资源优化配置能力、河湖生态保护治理能力的目标和实施路径，系统提出了防洪排涝、水资源利用、水资源保护、水生态保护与修复和流域综合管理等方面的规划布局、任务和措施，系统规划完善大清河流域水安全保障体系，举全流域之力助力构建雄安新区现代化城市安全体系。

经水利部批准、河北省委省政府同意，水利部海河水利委员会与雄安新区管委会、河北省水利厅签订《关于共同推进雄安新区水安全保障合作框架协议》，有效利用三方在政策、职能、成果、技术、人才等方面的优势，形成工作合力，目前已在河湖监管、水政执法、人才交流方面取得积极成效。

3. 加强水资源配置和管理

加快推进国家水网流域骨干工程建设。围绕京津冀协同发展、雄安新区建设、北京城市副中心建设“一核两翼”，立足提升流域水安全保障能力，以“172项重大水利工程”和“150项重大水利工程”建设为抓手，加快推进国家水网流域骨干工程建设，推进构建流域“二纵六横”水资源配置格局，构建“六河五湖”水生态绿色发展格局，完善“分流入海、分区防守”防洪减灾格局。“十四五”时期，还要突出智慧水利系统建设，形成“一张网一中心一平台多系统”的数字海河智慧水利架构，全方位保障流域区域经济社会高质量发展。

扎实推进南水北调东中线后续工程高质量发展。坚持系统观念，在全面节水、强化水资源刚性约束的前提下，立足流域整体和水资源空间均衡配置，做好东线后续工程规划设计，推进南水北调后续工程建设。确保南水北调东线工程成为优化水资源配置、保障群众饮水安全、复苏河湖生态环境、畅通南北经济循环的生命线。

实施《华北地区地下水超采综合治理行动方案》，以京津冀地区为重点，推进落实“一减、一增”综合治理措施，着力解决华北地区地下水超采问题。

4. 协同开展河湖综合治理与生态修复

实施《京津冀协同发展六河五湖综合治理与生态修复总体方案》，推进永定河综合治理与生态修复，在国家有关部委的大力支持下，水利部海河水利委员会携手京津冀晋四省市和永定河流域投资公司签订《永定河生态用水保障合作协议》，创新流域治理模式，推动永定河绿色河流生态廊道建设，同时积极推动潮白河、大清河、白洋淀、衡水湖等水体的综合治理与生态修复，流域水生态环境状况持续改善。

针对海河流域执行了多项治污措施。主要策略包括强化污染物排放控制，确保新工业项目遵守相关国家标准和规定，并实施污染物减量替代。优化城镇污水处理设施，推进海绵城市建设，以实现污水全覆盖收集和处理。加强城乡黑臭水体治理，通过加速建设污水处理设施和管理畜禽养殖污染，以消除区域内黑臭水体。此外，推动农村环境整治，包括农村污水治理、垃圾分类利用和“厕所革命”，确保生活污水得到处理。积极治理农业污染，通过推动畜禽养殖粪污利用和水产养殖生态化，确保农田灌溉水有效利用，强化农业污染源监管。

5. 加强流域治理体制机制创新

在海河流域治理策略中，“完善协同治理机制”是核心，旨在通过整合多方资源，提升并保护水体生态。主要策略包括实施“河长制”和“湖长制”，强化京津冀联防联控，通过多部门协调，同步治理面源与内源污染，实现控源、截污、减排、连通和净化。创新监督机制，包括严格执行排污许可，建立长效监督和生态损害赔偿机制。创新污染治理模式，如拓宽融资渠道、引入

“环保管家”和实施“一园一案”等，鼓励工业区和企业实施绿色、低碳、循环发展。优化监测评估制度，建立水生态监测网络和流域监测平台。同时，提升环境治理能力，严格监管，加强信息化建设。研究建立自然资源确权登记制度，推进统一确权登记。加大宣传，动员公众参与，加强社会监督，确保多方参与水环境治理和多元监督。

（三）经验借鉴

京津冀协同开展对海河流域的综合治理，展现了多维度的策略体系，对长江经济带的综合治理具有如下借鉴意义。

一是强调了流域治理体制机制创新，包括完善协同治理机制、创新监督机制和污染治理模式，以及强化公众参与和社会监督，这为治理体制和社会监督机制创新提供了实践案例。

二是强调了流域治理的顶层设计。充分发挥流域管理机构水利部海河水利委员会的职能作用，加强京津冀三地协同，共同制定流域治理相关规划和政策。从空间开发格局来看，通过统筹空间布局、土地资源规划、农业发展区域划分和美丽乡村布局，形成了一个生态、经济、社会协同发展的综合治理框架，这为长江经济带的空间布局和土地资源利用提供了参考。

三是强调了水体生态系统功能的提升，包括保障生态用水、优化区域水系连通、河道和湿地的生态保护修复，这对长江经济带的水资源管理和生态修复具有参考价值。

四是强调了绿色发展。京津冀向绿色低碳生产转变和推动农业绿色可持续发展为海河流域治理的重点，这为长江流域产业结构调整和农业绿色发展提供了借鉴。

第二节　国外流域综合治理的典型案例

国外流域治理起步较早，20 世纪 50 年代以来世界上不少国家对大河大湖进行了综合治理与开发，通常以流域为单元，以水资源的综合开发利用为核心合理地组织、布局生产力，建立工业区、城市群和产业带并促进了流域内经济持续健康的发展。在治理与开发中不仅注重自然条件的改善，而且要注重生态环境的保护和资源、环境、人口的协调发展。同时更加注重通过制定长期性的战略规划实现对资源的综合开发和利用，这已成为当今各国和各流域地区采取的主要方式之一①②。

一、澳大利亚墨累-达令河流域管理模式

流域管理是澳大利亚水资源管理和水生态保护的特色。墨累-达令河作为澳大利亚规模最大的水系，可谓澳大利亚的“母亲河”。墨累-达令河流域面积为1063000平方千米，几乎是大洋洲陆地面积的14%。该水系流经昆士兰州、新南威尔士州、维多利亚州、南澳大利亚州以及首都直辖区。该水系包括的主要河流为墨累河、马兰比季河以及达令河，面积广阔。20世纪60年代，由于缺乏管理的农业及畜牧业等生产活动和对生态的无节制过度开发，澳大利亚墨累-达令河流域的生态环境日益恶化，对于受气候影响而本就缺水的流域来说无异于雪上加霜，社会民众不堪其忧。在社会的推动下，澳大利亚政府于20世纪80年代采取了一系列治理举措，核心内容体现在以下两个方面。

（一）建立以流域为主的水资源管理体制

联邦制对澳大利亚的水务改革有利有弊。国家层面的水务改革计划需要取得各州同意，因而改革往往难以启动，一旦达成协议，各州就要信守承诺，从而为改革的持续提供长期的基础。联邦政府的作用主要是确定国家的经济、社会、环境利益，充当改革进程的推动者、协调者和监督者，以及为启动和维持改革提供资金激励；各州则在国家水务改革计划中明确改革的总体政策和路线图，并可以在各自立法框架和政治背景下落实改革议程。以墨累-达令河流域为例，联邦是墨累-达令河流域协议的缔约方，并为流域管理机构及其在流域的行动提供财政支持；流域各州则对土地、水和自然资源享有充分的权力，并由具体部门负责水资源管理。墨累-达令河流域部级理事会是墨累-达令河流域管理的最高决策机构，通常由12名成员组成，这些成员是联邦政府和流域4州负责土地、水及环境的部长，其任务是为流域内的自然资源管理制定政策和确定方向③。为了在流域内采取统一的政策行动，并广泛地听取各方面的意见，设立了一个社区咨询委员会。社区咨询委员会是部级理事会的咨询协调机

---

① 吴志强，甘筱青，黄新建，等．国外大河大湖流域综合治理开发的启示［J］江西科学，2003（3）：156-159.

② 段宝相，黄丽娟．五维治理：松辽流域生态治理的路径优化——基于国外、国内经验的思考［J］．经营与管理，2023（2）：144-149.

③ 薛川燕，徐辉．流域管理冲突与协同研究——以国外典型流域为例［J］．甘肃农业，2012（11）：68-70.

构，负责广泛收集各方面的意见，进行调查研究，并就一些决策问题进行协调咨询，保证各方面的信息交流，及时发布最新的研究成果。墨累-达令河流域委员会是部级理事会的执行机构。委员会成员由来自流域4个州的政府中负责土地、水利及环境的司局长或高级官员担任，每州2名，其主席由部级理事会指派，通常由持中立态度的大学教授担任。流域委员会是一个独立机构，它既要对各州政府负责，但又不是任何一个州政府的法定机构，其职能由流域管理协议规定。另外，流域委员会下设一个由40名工作人员组成的办公室，负责日常事务。为了加强流域的综合规划与管理，建立了30多个特别工作组，聘请来自政府部门、大学、私营企业及社区组织的关于自然资源管理及研究的专家，以便将最先进的技术方法和经验运用到流域管理中。

在这个流域治理架构中，最具特色也最广为人知的是墨累-达令河流域管理局（MDBA）。该局是根据2007年《联邦水法》设立的联邦法人机构，由主席、首席执行官、居民成员以及4名兼职成员组成，所有成员均由总督任命，主要负责基于流域整体利益的水资源规划、调查、监测、输送水、信息提供、宣教以及就各州水资源规划的认可向联邦水务部长提供建议，并监督流域各州的执行和遵守状况。但自该机构成立以来，其同时作为联邦政府代理人和独立监管者的角色冲突问题就一直饱受非议。对流域治理架构的评估报告也指出，MDBA提供服务和进行监管的职能应尽快分离，专门成立一个独立监管机构，使其脱离与流域政府合作实施计划的责任，专司合规、评估和计划审查职能，以重建各方对于流域计划的信心。为此，2019年8月联邦议会宣布新设立墨累-达令河水务合规监察长一职，并在2021年修法正式确立前任命了临时监察长。根据2021年《联邦水法修正案》，监察长拥有流域管理局承担的合规监督、执法职能以及联邦法律规定的其他职能，对联邦机构和流域各州的合规情况进行独立监督，以确保整个流域的指导方针和标准更加一致。监察长有权对流域计划、水资源计划以及与流域水资源有关的政府间协议和安排进行审查、提供监督并监测其遵守情况。流域管理局则保留水资源计划评估、取水限制核算、遥感和新兴技术开发以及流域计划成果评估等方面的职责。监察长拥有自由裁量权，并使用基于风险的方法来设定每个年度的合规监管重点，通过评估现有和新出现的风险和问题，以确定合规优先领域和活动。在州层面，流域各州政府须在与《墨累-达令河流域计划》保持一致的基础上编制各州计划，并以立法的形式通过。与之相对应的是，在地方上设立的流域管理组织（Catchment Management Organizations，CMOs）作为MDBA的补充，当联邦全流域监管措施无法在地方层级高效推动和实施时，则通过CMOs进行监管。墨累-达令河流域共设有 8 个 CMOs 负责区域层级的计划监督。CMOs 作为地方层级组织，与社区存在着天然联系，更有利于融入社区，取得社区居民信任，从而促进社区参与到监管执法过程中，提升治理的可接受度。流域各州仍然是水资源的主要监管者，水务合规监察长的设立并不影响各州进行的监管执法活动，只是为联邦提供一个问题没有解决时的介入渠道。各州每年需要报告改革进展情况，如果进展不力，将受到联邦政府的财政处罚。

（二）构筑以市场为基础的水资源分配体制

基于澳大利亚宪法的规定，水资源所有权属于各州并依附于土地所有权，各州通过各自立法进行水资源管理。州政府可以许可其所属水务部门或者其他主体对水资源进行开发利用，从而使其获得取水权和用水权。传统上，政府主要根据土地面积和用水类型发放水权，这种制度安排是基于社会或者区域发展目的根据用水需求进行行政性分配，没有或者鲜少考虑水资源的环境承载力。每当干旱发生时，用水者就会要求政府再建设水坝或者允许开采额外地下水，容易造成环境退化以及严重的财政负担。由于水资源的有限性，新水权的不断发放不仅会影响既有水权的可靠性，给政府带来严重的财政负担，同时也会导致环境恶化进而影响供水的质和量。在此背景下，新南威尔士州、维多利亚州和南澳大利亚州首先在州内启动了可持续水资源管理的改革实践，并为澳大利亚政府理事会（COAG）在制定《国家水务计划》时所确认。COAG 认为，水交易是最大限度提升水利用对国民收入和福祉贡献的一种手段，通过建立一个可交易的权利体系，可以使水在社会、物理和环境约束下变得更有价值。这意味着，新用水者或者现有用水者获得更多水资源的唯一途径就是从其他拥有用水权利的人那里购买，从而为建立可交易的水权制度奠定了基础。为确保建立有效的水市场和水交易，澳大利亚对传统水权制度进行了系统改革。（1）将水权从土地权利中分离出来，从法律上将之确立为明确、排他、可交易、可执行的独立权利，随后，水权又进一步拆分为取水权、输送权和使用权，目的是促进水交易和向更高价值的消耗性用途转移。（2）在高度和过度开发的流域实行可持续取水限制，先是地表水，随后又扩大到地下水，并允许开采量随流入量而变化，以防止水资源过度开发导致环境退化，并防止对现有水权稳定性的侵蚀。（3）建立水市场并制定水交易规则，包括将取水权与任何其他权利分开、地表水权的自由交易、对通过交易或其他方式获得的水权进行相同处理、在使用目的方面对水权没有交易限制、对可交易的水量没有限制、对违反交易规则造成的可赔偿损失进行追偿等。（4）通过严格的监管执法保障水交易有效运行，如 2021 年《联邦水法修正案》对与取水有关的非法行为引入了新的犯罪和民事处罚条款，对与水权交易有关的非法行为引入了新的民事处罚条款等。截至目前，除西澳大利亚州和北部地区外，其余州都建立了与《国家水务计划》相一致的水权法律制度，为用水者提供了明确与安全的长期水权。这种独立于土地的有保障的水权，加上消耗性用水的取水限制，为实现水交易和建立水市场提供了关键的制度基础，并产生了巨大的经济与非经济效益。正如澳大利亚生产力评估报告所指出的，水交易和水市场为用水者创造了一个宝贵的商业风险管理工具，使决策更具确定性，为应对不断变化的市场条件提供了灵活性，并开辟了新的机会。交易使用水与市场机会保持一致，价格信号鼓励农场提高用水效率，为其他用途腾出了额度。这些好处在干旱期间尤为明显：需求灵活的灌溉者（如水稻和棉花种植者）能够将水卖给需求不灵活的人（如多年生果树种植者）；权利持有人能够出售水配额，以管理债务和维持现金流。故而，尽管在不同年份用水量有很大的变化，但交易使澳大利亚的农业灌溉生产总值在大多数年份能有所增长①。

墨累-达令河流域系统管理体现了经济社会发展以及水资源状况的变化对加强流域管理的客观要求。澳大利亚墨累-达令河流域在流域水管理模式和流域水管理计划的共同配合下，使得该流域经济效益明显提高，成为世界上流域管理的典型区域②。以墨累-达令河流域为代表的流域治理体制的建立，改变了原有各州多头执法、各自监督的局面，加强了联邦介入流域治理的权力，从流域整体利益的角度建立了流域治理框架，从而使澳大利亚成为流域治理改革的全球领导者。

二、密西西比河流域治理开发模式

密西西比河位于北美洲中南部，是北美洲流程最长、流域面积最广、水量最大的河流，流经美国的 31 个州（干流流经明尼苏达州等 10 个州，支流流经 21 个州），占美国本土面积的 41%，覆盖了美国东部和中部的广大地区，同时也是世界第四长河，其长度仅次于尼罗河、亚马孙河和长江③。从开始垦殖的

---

① 张敏纯．澳大利亚墨累-达令河流域治理的经验与启示［J］．国外社会科学，2022（3）：62-72，197-198.

② 高妍，冯起，王钰，等．中国黑河流域与澳大利亚墨累-达令河流域水管理对比研究［J］．水土保持通报，2014，34（6）：242-249.

③ 张攀春．国外典型流域经济开发模式及对中国的借鉴［J］．改革与战略，2019，35（7）：9-15.

时候起，密西西比河就是美国南北航运的大动脉。其干流可从河口航行至明尼阿波利斯，航道长约 3400 千米。除干流外，约有 50 条支流可以通航，其中水深在 2.7 米以上的航道长约 9700 千米，干、支流通航总里程约为 2.59 万千米，并有多条运河与五大湖及其他水系相连，构成了一张巨大的水运网。

历史上的密西西比河曾经灾害频繁。20 世纪初期，密西西比河中下游河段经常发生洪灾，大部分城镇和乡村的建筑被摧毁，农田和果园遭到破坏，工业和交通几乎全部瘫痪，破坏了沿岸居民的正常生产和生活，造成的经济损失十分严重。1928 年美国政府制订全面整治密西西比河流域工程计划，从支流开始实施。经过多年努力，流域得到了全面综合的开发，防洪、航运、水电、灌溉、养殖等综合经济效益也得到了提升①，其主要特色表现在以下方面。

（一）以防洪为主要开发导向的治理模式

1879 年密西西比河委员会成立，其主要目的是研究密西西比河的开发治理规划、制定防洪措施、解决修整河道计划、保护堤岸和改善航运等问题。1928 年制定了全面整治密西西比河的《防洪法案》和《干支流工程计划》，规定由陆军工程兵师团（以下简称 COE）负责全流域的防洪和航道整治管理。全国江河的防洪计划、大部分防洪工程的设计兴建、河道和航道的整治、防洪的调度指挥由 COE 统一负责。即使不是 COE 设计和兴建的水库只要有防洪任务的也是由 COE 确定其防洪库容和泄洪标准并由其统一调度。COE 不是一个虚设机构，其总部隶属于五角大楼的陆军部。实施综合的管理和开发政策统筹规划长期治理非常有利于对密西西比河进行统一的管理和调度并有利于制定目标的实现②。1933 年成立了田纳西河流域管理局（TVA），开始全面实施干流、支流工程计划，并进一步制订了详细的实施方案。美国田纳西河流域管理局是一个具有高度管理权限的流域管理局，该管理局直接隶属于国会，它既具有统一规划、开发、利用和保护流域内各种自然资源的广泛权限，又是高度自治、财务独立的法人机构。田纳西河流域管理局的职责：对田纳西河流域干流和支流沿岸的土地进行出售和管理；研制开发新型低污染肥料；管理、经营流域上的水利设施；基于流域经济发展的需要来发行债券（政府无偿提供担

---

① 李烨，余猛．国外流域地区开发与治理经验借鉴［J］．中国土地，2020（4）：50-52.

② 罗会华．借鉴国外经验构建湘江流域水污染治理体制机制［J］．湖南商学院学报，2011，18（5）：67-72.

保)；依据流域发展的需要来废除或修订地方法规，并根据全流域的整体需要进行新的立法。立法确定田纳西河流域管理体制。政府权力机构——管理局董事会，其成员是三人，他们行使 TVA 的一切权力。总统提名成员，经国会通过后任命，三人直接向总统和国会负责。咨询机构——地区资源管理理事会，它是依据 TVA 法和联邦咨询委员会法建立的，目的是促进地方参与流域管理。该理事会可对 TVA 的流域自然资源管理提供咨询性意见。该理事会的成员约有 20 名，成员的构成体现了较广泛的代表性①。

之后，美国政府开始重视政策法规等非工程措施在治理中的作用，并加大立法和管理的力度。密西西比河进入了工程措施和非工程措施相结合的全面整治和开发阶段。20 世纪 80 年代中后期以来可以认为是具有强烈的环境和生态色彩的全新意义上的密西西比河流域治理时期。1970 年成立了环境保护署并颁布了《环境保护法》，使得流域治理措施本身是否会危及环境成为必须考虑的问题。1998 年由美国许多私人组织和社会团体组成的密西西比河下游自然保护委员会成立。这是一个旨在促进密西西比河下游自然环境资源保护、加强、恢复、增强公众参与意识及促进其可持续利用的机构。

（二）“点—轴—面”开发的空间模式

以大城市为核心（极点），以干流为轴线，以各支流为网络形成开发域面。城市经济与流域经济相互促进、共同发展，带动全流域经济发展。城市为依托、干流为轴线、支流深入腹地的“点—轴—面”开发模式，是流域经济中运用最广泛的开发模式之一，也常在城市经济带建设中被采用。虽然世界各国都广泛使用这一开发模式，但因其在密西西比河流域的经济开发实践中大获成功，而被命名为密西西比河模式。该模式实施的背景是密西西比河及其部分支流洪水泛滥，开发初期的任务主要集中于河流洪水治理。密西西比河模式便由此为开端。具体来讲，密西西比河模式包括以下三个方面的内容：一是建立河道畅通、标准统一的航运网，从干流深入支流，以此为轴线，形成通畅的水上交通体系。二是充分发挥城市的极点作用，通过水上交通体系，使城市之间的经济交流更加频繁、产业融合不断加强，逐渐形成资源共享体系，促进港口城市的兴起，进而助力城市经济发展，如美国超过 10 万人口规模的城市大约有 150 个，其中就有 131 个建于密西西比河流域。三是发展服务业，城市经济

① 戴倩，罗贻芬．国外流域综合治理中的组织保障及其对我国的启示［J］．水利经济，2003（1）：48-50.

的发展可带动服务业的兴起和繁荣。水利工程的兴建可为农业灌溉提供极大的便利，农业经济的兴盛可为工业发展提供充足的原料，工业经济的繁荣可为城市经济提供可靠的保障，城市经济的持续发展可为服务业奠定良好的基础，各产业相互促进、共同发展。

经过一系列措施，美国的农业、工业甚至服务业都从中受益，仅旅游、捕鱼和休闲娱乐产业的产值就高达近 300 亿美元/年，为流域各地提供了近 40 万个工作岗位；航运业产值高达近 200 亿美元/年，同样为流域各地提供了近 40 万个工作岗位，美国 50%的谷物和大豆经由密西西比河上游运出。

三、莱茵河流域开发治理模式

莱茵河是西欧第一大河，发源于阿尔卑斯山北麓，流经瑞士、列支敦士登、奥地利、德国、法国和荷兰等国家，最后在荷兰鹿特丹附近注入北海，全长 1360 千米，流域面积 25.2 万平方千米，通航里程约 869 千米，其中大约 700 千米可以行驶万吨海轮。莱茵河流域人口约 5000 万，最大的人口聚集区为靠近德荷边界的鲁尔工业区。聚集区基本上位于干流或干流与运河连接的地区。流域内约 2000 万人饮用莱茵河水。河流中下游地区地势平坦，是欧洲重要的工业中心，莱茵河沿岸地区生产的化工产品量占全世界化工产品总量的 20%以上，莱茵河也是世界货运密度最大的内河之一①。

由于莱茵河担负着 2000 万人的饮用水供给，水质保护一直为沿河国家特别是下游国家（尤其是荷兰）所关注。第二次世界大战后，工业复苏、城市重建，莱茵河水质开始下降。到了 20 世纪 70 年代初期，由于生态保护措施远远落后于经济发展速度，莱茵河严重污染，被称为“欧洲的下水道”②。1986 年 11 月 1 日，瑞士施韦泽哈尔的 Sandoz 仓库发生火灾，在救火过程中，约有 1 万平方米被有毒物料污染的消防水流入莱茵河，造成数百千米河道中的鱼类死亡，严重影响了莱茵河生态系统。在此之后，其环境问题受到莱茵河流域各国的广泛关注，在政府及社会各界的共同努力下，莱茵河的环境治理取得了很好的效果。从此，环境保护和经济开发成为莱茵河流域同等重要的问题，并且绿色发展成为主导，其治理模式主要有以下特点。

---

① 李海生，孔维静，刘录三．借鉴国外流域治理成功经验推动长江保护修复［J］．世界环境，2019（1）：74-77.

② 由文辉，顾笑迎．国外城市典型河道的治理方式及其启示［J］．城市公用事业，2008（4）：16-19.

（一）成立跨国非营利性的河流专门保护机构

保护莱茵河国际委员会（ICPR）是莱茵河环保工作的跨国管理和协调组织，于1950年7月11日在巴塞尔成立，成员国包括瑞士、法国、德国、卢森堡和荷兰。该组织的主要任务有4项：①根据预定目标准备国际流域管理对策和行动计划以及开展莱茵河生态系统调查研究；对各对策或行动计划提出合理有效的建议；协调流域各国家的预警计划；综合评估流域各国行动计划效果等。②根据行动计划的规定做出科学决策。③每年向莱茵河流域国家提供年度评价报告。④向各国公众通报莱茵河的环境状况和治理成果。莱茵河综合治理所采取的措施包括：削减各类污染物排放量；重建生态系统；改善防洪措施减小防洪风险；提高工业部门的管理水平避免污染事故发生等。

ICPR是一个国际性组织，成员只有12个人，来自莱茵河流域各个国家，它没有权力强制任何国家做事，也没有固定收入。但却运作得有条不紊，把一条国际河流治理得举世瞩目。ICPR采用部长会议决策制，其最高决策机构为各国部长参加的全体会议，该会议每年定期召开一次并做出重要的决策，明确委员会和成员国的任务，决策的执行是各成员国的责任。虽然ICPR部长会议每年只召开一次，但是执行讨论的会议一年要开70多次，基本上是一周一次。因为ICPR从不采取投票的方式进行表决，它组织所有成员国就某项建议彼此互相讨论，直到达成一致，得出所有成员国一致同意的方案。因此，ICPR的所有决定都是被成员国完全支持的。ICPR的主席采取轮流制，但秘书长一直是荷兰人。这不仅因为荷兰是最下游的国家，在河水污染的问题上最有发言权，最能够站在公正客观的立场上说话，更重要的是，处于最下游的荷兰受“脏水”危害最大，对于治理污染最有责任心和紧迫感。ICPR没有制定法律的权力，也没有惩罚机制，无权对成员国进行惩罚。它所能做的全部事情就是建议和评论。各成员国之间存在着政治互信，羞耻感在各国间起到了至关重要的作用，各国一般都会忠实地履行ICPR所提出的建议。而且每隔两年，ICPR将对每个国家实施建议的情况作一个报告，这是对成员国施加的一个无形压力。因此，ICPR的辛勤工作不会付诸东流，建议100%会被成员国执行，最多只是时间问题。正是通过这种讨论直至达成一致的方式，避免了莱茵河流域流经的国家发生意见不统一的情况；另外，秘书长荷兰人固定制也使ICPR的各项决议对各个国家来说更有说服力，也最大限度地考虑到了下游的利益以及流域中最急需解决的问题。这样ICPR的工作更加有效率、更有针对性，流域各国间的冲突自然也就最大化地降低，而且各国也会更好地协作保护治理莱茵河。

（二）实施有针对性的流域生态环境保护与治理措施

河流水质监测站是水体保护措施有效实施的基础。为此在莱茵河及其支流上建立了一个监测站网络，截至目前，莱茵河从瑞士至入北海口之间有 9 个国际水质监测站，采用先进的监测手段对河水进行监控。国际监测计划是由保护莱茵河国际委员会和其成员国共同实施的。其后的一系列会议和行动计划，对改善莱茵河水质和加强国际合作发挥了积极作用。近几十年来，6 个沿岸国家投资了约 600 亿美元，通过排污企业与政府共同持股的方式，建立大量的污水处理厂，制定工业废水和垃圾排放法规、严格限制未经处理或未达标的水直接向河道排放，经济上从重工业向轻工业转型，进行造林等净水工程，有效地控制了点源污染，莱茵河的水质逐渐得到改善与恢复。由于采取先进的废污水末端治理技术，推行清洁生产，以及对某些物质实行禁排或限排等多项治理措施，微量有机污染物污染水平总体呈递减趋势。1990 年，德国修订了废污水污染负荷法规，实施污染者付费原则，以缴纳环境保护税作为控制手段，取得了明显的效果。

德国用“循环经济”政策统筹莱茵河流域经济开发，根据生态环境要求进行城市、港口建设与产业布局，实施河水还清工程，建立城市污水处理设施，实行土地复垦、资源再生，种草、植树等措施。从技术入手减少莱茵河两岸生产安全事故的发生。生产和排水系统的技术装备特别是纸浆生产、有机化工、表面处理、造纸和生产纸板的行业必须达到国际标准。危险物质必须封存或建立专门的库房，消防用水必须建立回收池等。从对水中污染物进行量化分析和检测入手，对造成流域污染的数十种物质，各个工厂的排泄种类及排泄量，减排的量化指标，包括沿岸国家各大城市和居民点生活污水的减排指标，进行登记注册；对地面溢出排泄物对河水表层的污染、洪涝和泥石流等对河水的伤害、酸雨或雨水携带的田间农药对水面的侵蚀、含有农药的灌溉用水对莱茵河的渗透等，全部登记入册；设立监控点，随时监控水质变化。根据掌握的情况向主管部门和污染单位提出减排的建议和意见，并规划出相应的治理措施。联邦、州、乡镇和企业齐心协力，共同落实整治措施。从 1975—2000 年，仅是污水处理设备的投入就有 500 多亿欧元。经过多年努力，莱茵河流域生态环境得到了根本改善，消失近 20 年的鲑鱼重返莱茵河，实现了预期的治理目标。

（三）开展综合性治理与开发

从航运发展、港口建设、水电开发等方面对莱茵河进行了综合治理。首先，把航运作为莱茵河治理开发的重点对象，严格加强内河航运标准化体系建设，采取整治和疏浚相结合的办法来改善并提升莱茵河上游和中游的通航条件，综合运用建设堤防、修筑堰坝、开挖人工运河等手段，拓展莱茵河流域河网的通航能力，使得莱茵河成为世界货运密度最大的内河之一，具有欧洲“黄金水道”的美称。其次，由航运带动港口建设，港口建设再反向促进航运发展。充分利用莱茵河中游河段地势平坦的有利条件，建设分布相对密集的港口群，通过港口群建设、航运发展促进产业向港口城市聚集，造就一批沿岸工业基地，如鲁尔工业区，逐渐形成以港口为增长极点，沿莱茵河呈条带状分布的城市带，如法兰克福、科隆、波恩和杜伊斯堡等，集聚钢铁、机械、金融、运输、轻工等优势产业，并借助内河航运的纽带作用，扩大港口对腹地辐射的范围。最后，利用德国境内莱茵河上游地势高、河流落差大的有利条件，大力开发水电资源，广泛吸纳民间资本，授权企业出资建设水电站。在航运、港口、水电充分发展的基础上，德国政府将开发莱茵河流域的重点集中在产业融合与升级、产业调整及梯度转移、生态环境治理等方面。如通过产业转移，将鲁尔工业区等集中成片的老工业基地的厂区和矿区改造成文化创意园、研发设计中心、工业旅游景点等，以此促进产业升级；大力推进工业绿色转型，通过莱茵河保护国际委员会倡导和督促莱茵河流域各国减少废水排放，积极开展流域生态保护和治理合作，使莱茵河流域的生态环境得到了明显改善。经过一个多世纪的规划、开发和治理，德国莱茵河流域经济带已进入成熟发展阶段，城镇体系完整，空间形态相对稳定，产业层次较高①。

四、日本琵琶湖的治理与开发

在世界范围内湖泊管理最成功的例子当数日本的琵琶湖，其污染状况和我国的湖泊污染极为相似，值得在我国湖泊治理中借鉴。琵琶湖是日本第一大淡水湖，位于日本滋贺县的中部，流域面积3848平方千米，湖面面积674平方千米，在琵琶湖最狭窄的地方建有琵琶湖大桥，以琵琶湖大桥为界可以把琵琶湖分为南湖和北湖，年均水深南北湖有很大不同，南湖仅有4米，北湖则达

---

① 李彬．国外流域开发经验对西江黄金水道开发战略的借鉴意义［J］．经济研究参考，2011（53）：58-60.

43米，出入河流400条，蓄水量为275亿立方米，是日本面积最大、贮水最多的湖泊，同时也是日本最古老的湖泊。

从20世纪70年代开始，滋贺县的人口急剧增加，生活方式向大量消费和大量废弃物产生的方向转变。琵琶湖沿岸的工厂数量增加很快，而下水道普及率比较低，滞后于经济发展。化肥使用的增加和农业排水方式的改变，都使得农田排水的营养成分增加。由于琵琶湖本身封闭性比较强，对污染物质的承受能力小，大量生活和工业污水流入湖泊，使琵琶湖逐渐从一个贫营养湖向富营养化湖发展。1972年起，日本政府全面启动了“琵琶湖综合发展工程”，经过几十年有步骤、多层面、广范围的综合整治，琵琶湖的污染得到了有效控制，水质明显好转，透明度在6米以上，地表水水质从Ⅴ类标准提高到了Ⅲ类标准。如今，琵琶湖作为日本的国家象征、国家公园和最大湖泊，被列入《湿地公约》国际重要湿地名录，成为全球湖泊水环境治理的范例①。

（一）实施全流域生态修复，提高生态调节能力

1969年，滋贺县制定了《公害防止条例》，1973年针对琵琶湖的水质恶化问题，对条例进行了全面的修改，对各项指标做了更严格的规定。从1977年开始，几乎每年琵琶湖都发生了淡水水华现象，对琵琶湖水的利用也日益困难，这使琵琶湖水的保护问题日益迫切。为此，滋贺县制定了更多的和琵琶湖有关的法规、制度和条例，采取了一系列的保护行动。

在琵琶湖的源头区，通过保林、护林、造林、育林、防沙、治山等提高源头区森林生态系统质量和水源涵养能力，2004年制定了《琵琶湖森林建设条例》。改善雨水的下渗状况，提高农田持水能力，引进新型农业水灌溉系统，加强灌溉水在农田间循环流动，提高灌溉水的利用率，降低农业面源污染。

针对琵琶湖富营养化问题，滋贺县制定了具体的对策。一是生活排水对策。生活排水负荷削减的一个重要对策是进行高度的末端处理，当然这要以完备的下水道设施为保证。在一定的阶段内，加强农村下水道建设是减少生活排水负荷的一个有效措施，这项设施在1997年时已经在195个地区建成。二是工业排水对策。滋贺县对各个不同的行业、不同排水量规模的企业分别做出了排水基准的限制，涉及的环境指标有生化需氧量、化学需氧量、悬浮物、总氮和总磷，并且对新设企业和既设企业的规定是有所区分的，对于新设立的企业

---

① 侯鹏，赵佳俊，任晓琦．国内外河湖流域生态环境治理经验及其启示［J］. 中国发展，2022，22（5）：79-84.

有更严格的污染排放限制。三是农业排水对策。为了削减农业排水的负荷，滋贺县推行“清洁和循环农业”对策。四是下水道的建设。下水道的建设是改善琵琶湖的水质、提高当地人民环境水平的一个重要措施。五是深度处理对策。从1974年开始，滋贺县和建设省共同委托日本下水道事业团研究废水的深度处理问题。根据技术上的可能性和政策上的要求，设定了处理厂的设计流入水质和目标排放水质①。

（二）构建严格的标准法规体系

1971年日本颁布了《水污染控制法》，1973年滋贺县颁布了《污染防治条例》，制定了比国家标准更严格的排放标准，部分项目的地方污水排放标准值较国家标准值严格2~10倍。1996年滋贺县出台了《小型企业污染防治条例》，对更小的排污单位也实行了控制。

为加强对琵琶湖的综合治理和公害防治，先后颁布《水质污染防治法》《琵琶湖的富营养化防止条例》《湖泊水质保护特别实施法》和《推进生活排水对策的相关条例（豉虫条例）》等，制定了比国家要求更严格的排放标准及排污条例。推进通过了《县环境影响评价纲要》以及对“琵琶湖综合开发计划”的修改和延长、《湖沼水质保护特别处置法》等，构成了保护琵琶湖的系列行动②。

（三）高度重视环境教育与公众参与

通过环境教育、自然教育、广泛宣传等途径，提高公众的环境保护意识，是琵琶湖生态环境治理的重要基础。1980年开始，开展了以“为了清洁的、蓝色的琵琶湖”为主题的琵琶湖环境保护计划。从小学生的基础教育抓起，开展大面积的生态教育工作，如在小学都要开设环境教育课程、政府设立了配备环境教育专业老师的琵琶湖环境教育基地，提供专门的大型游船，供学生在琵琶湖上学习观测。除此之外，对于污水处理厂等环境治理公共基础设施，免费向公众开放，供学生、社会公众参观学习，同时在社会层面上，通过社会媒体的大力宣传，社会各团体无偿开设各类讲座和科普活动，让水生态环境保护意识深入人心。

---

① 福英泰．中国太湖和日本琵琶湖水质修复措施对比分析［J］．节能与环保，2019（10）：42-44.

② 卢杰．国外大河大湖区域治理对鄱阳湖开发的借鉴［J］．企业经济，2010（10）.

通过一系列措施，日本政府投入180亿美元，花了30余年的时间，使琵琶湖的污染得到了有效的控制，蓝藻水华消失，水质好转，成为著名的旅游胜地①。

① 王军，王文武，伊香红实．关于强化湖泊污染精准治理的几点思考［J］．环境保护与循环经济，2019（1）．

第四章　长江流域安全风险与管控

本章研究长江流域安全风险，并以长江干流流经里程最长的湖北为案例，研究流域安全风险与管控。

第一节　流域安全的内涵与重要意义

一、流域安全的内涵

流域管理以往多着重“流域水安全”，经过多年的实践和国际论坛讨论学者们认为，“流域水安全”应明确演进到“流域安全”。水对生命支持系统和人类社会有许多平衡的功能。水、食物、经济和环境安全有紧密的联系，需要围绕着流域安全的思路研究与水有关的政策。因为水在水、土利用和生态系统以及整体的水资源管理中可提供一个互相协调的路标以达到“流域安全”。2003 年斯德哥尔摩国际水论坛上有些行政领导认识到虽然水是宝贵的，但过去并不经常作为稀缺资源，对它的利用和管理常是用零星的甚至是不合适的方法。瑞典提出要从协调贸易、农业、环境和经济等领域出发，使卫生安全的特殊计划付诸实施，强调通过管理计划为饮用水及卫生服务，经济社会可持续发展是流域安全的最终目标。人类在漫长的生产、生活过程中，不断总结经验，探索未来，逐步认识到只有走可持续发展的道路才是唯一正确的。两次世界峰会即 1992 年在巴西里约热内卢召开的环境与发展大会，以及 2002 年在南非约翰内斯堡召开的可持续发展世界首脑会议都将可持续发展作为未来发展的共同目标，会议将进一步促使国际社会走向“减少贫困与保护环境兼顾的道路”，并通过了“执行计划”，在水、渔业资源、健康、生物多样性、农业、能源等方面确定了具体的行动目标。联合国教科文组织的一个研究小组认为，强调水资源系统的可持续性在保持生态、环境和水文系统完整性的同时，有助于现在和未来实现经济社会发展目标。总之，以水为媒，协调水土岸线等各类资源的综合利用与管理，实现经济社会可持续发展，是流域安全的最终目标。

长江流域水系众多，水的问题，表象在江河湖库，根子在流域。水是流域治理与开发利用中的重要战略资源和纽带，流域安全是对水安全的进一步升华与演进。新发展阶段下长江流域安全的内容更为丰富与多元，不仅仅体现在生命财产安全、生产生存安全等方面，还包含更高水平的水资源保障和生态保障、更便捷更智能的用水保障等领域。

二、流域安全的重要意义

流域安全事关全国生态安全格局。长江流域涉及全国40%以上的人口、近一半的经济总量。长江及其支流为长江流域数亿人提供生活用水，为工农业生产提供用水保障。还通过南水北调中线工程和东线工程，为北方数省市提供或补充生活、生产、生态用水。湖北地处长江中游，位居“承上启下”的核心腹地，是长江流域重要的水源涵养地和重要生态屏障，由于深受亚热带季风气候和盆状地形影响，“向心”式流域水系特征决定湖北流域安全在全国生态安全格局中占据重要地位。确保“一江清水东流”“一库净水北送”是湖北的政治责任。畅通长江黄金水道彰显在构建开放安全双循环格局中的湖北担当。湖北将实施流域综合治理行动作为首要行动，以流域为基本单元明确并守住水安全、水环境安全、粮食和能源资源安全、生态安全四条省控安全底线。

以流域综合治理统筹推进四化同步发展是流域安全的应有之义。统筹安全与发展是总体国家安全观的重要内容。流域安全也包含安全与发展的有机统一。以水为媒，协调水土岸线等各类资源综合治理、利用与管理，实现经济社会可持续发展是湖北流域安全的最终目标。因地制宜实施流域综合治理，找准推进四化同步发展的切入点和着力点，推动工业化和城镇化良性互动，城镇化和农业现代化相互协调，信息化和工业化、城镇化、农业现代化深度融合，促进城乡融合和区域协调发展，是践行总体国家安全观和中国式现代化的重要创新。

第二节　流域安全的主要风险隐患

在流域综合治理中，我们要有底线思维，着力消除各种风险隐患。这里以湖北省为例，剖析流域安全中存在的一些风险隐患。

一、灾害风险

湖北省江河纵横交错、湖泊星罗棋布，水系十分发育。经过多年建设，基本形成了以堤防挡水、湖库蓄水、蓄滞洪区分水、闸站排水的防洪除涝工程体系，以及预报预警与工程调度相结合的防洪非工程体系。然而，全省防洪形势仍不容乐观，长江局部堤段仍存在薄弱环节，中小河流、重点涝区、山洪灾害“点多线长面广”，仍存在较多短板。

现状防洪排涝标准偏低，提质升级需求较大。长江、汉江干流部分堤段现状标准与保护区经济社会发展不相适应，需研究提档升级。全省三级、四级及以下堤防达标率为59%、48%；多数中小河流堤防标准仅约10年一遇，防洪能力偏低。长江、汉江均存在不同程度的崩岸现象，部分重要支流河道存在行洪通道不畅的问题。蓄滞洪区及分蓄洪民垸建设滞后，启用困难。部分水库大坝基础薄弱，除险加固不彻底，病险问题仍然突出。全省重点易涝区，现状排涝标准多为10年一遇，排涝模数仅为0.35立方米每秒平方千米，与沿海发达省份普遍达到0.7~1.0立方米每秒平方千米相比，排涝标准明显偏低。

受全球气候变化和人类活动影响，近年来极端天气事件呈现趋多、趋频、趋强、趋广态势，暴雨洪涝干旱等灾害的突发性、极端性、反常性越来越明显，突破历史纪录、颠覆传统认知的水旱灾害事件频繁出现。极端灾害条件下，湖北流域安全灾害风险存在诸多隐患，两江丰枯同频造成的水旱灾害风险，流域性水旱灾害对粮食安全造成的风险，极端洪涝灾害对城市、都市圈、城市群生产生活、财产生命造成的安全隐患。

二、水资源保障风险

在国人的印象中，湖北是“千湖之省”，拥有长江、汉江、清江，水资源十分丰富，但实际上全省水资源人均占有量不高、地区分布不均。多年来，围绕水资源时空不均衡，湖北省大力推进以“蓄、引、提、调”相结合的水资源配置工程体系建设，供水保障程度大幅提高。然而，外调水对汉江中下游水安全的影响日益突出，鄂北、鄂中丘陵区干旱缺水问题尚未得到根本解决，全省多元互济的水资源调配格局尚未完全形成，山区水源供水保障率仍然不高，局部地区供水安全风险应对能力仍显不足。

水资源时空配置与城市发展空间不匹配将带来城市饮水安全、生产安全隐患。水资源配置时空不均衡，供水保障能力仍需提高。受自然条件影响有少部分区域在某些时段缺水，湖北省水资源时空分布不均，总体上南丰北枯，与经济社会布局不相匹配。部分地区用水效率不高，水资源集约节约利用水平有待提高。全省大中型灌区灌溉供水保证率分布在60%左右，干旱年全省灌溉供水缺口约为75亿立方米。城市供水水源单一，全省约3/4区县现状为单水源，如遇极端气候或突发事件，应对风险能力不足。

相关水利工程实施增加了水源供给压力。南水北调中线一期、引汉济渭等调水工程的实施，加剧了汉江中下游水资源承载压力，相关地区水源供给存在风险隐患。三峡水库清水下泄造成下游河床下切超出预期，由于长江干流水位下降，沿江涵闸取水困难。

三、生态环境风险

近年来，湖北省大力推进基于水功能区管理的水生态环境保障体系建设，河湖生态环境逐年改善。但是，由于湖北省河湖众多，历史欠账多，目前的水生态修复和环境治理多集中在重点河湖和城区河湖，仍有相当多的中小河湖生态空间被侵占、水生态功能受损，部分河湖水质依然较差，河湖水生态保护与修复任重道远。突发性污染事件、重点流域水污染、水土流失等造成的安全隐患仍然存在。特别是流域性的水污染事故污染范围广、危害大，直接影响人民群众的饮水安全。

部分河湖水系割裂，水环境水生态修复需加大力度。平原水网区河湖闸站众多，多数涵闸考虑生态不够，缺乏合理生态调度，河湖连通受阻，水系割裂，水流不畅。受三峡水库清水下泄等因素影响，江河水量交换关系不畅，河湖天然水文节律受到干扰，导致河渠淤积堵塞。受自然因素、水资源开发利用等因素影响，部分河湖在枯水期生态水量亏缺问题突出，部分河流敏感生态需水难以保障，部分湖泊最低生态水位保障程度较低。

2021 年，湖北对全省 124 条主要河流的 275 个监测断面、24 个湖泊（29 个水域）、22 座水库进行了监测，总体水质为良好。其中，190 个“十四五”国控考核断面中，水质优良断面 178 个，占 93.7%，创历史新高。但是，部分水体水质改善成效不稳固，反弹风险依然存在；一些河湖水生态系统破坏严重，短期难以恢复；部分地区污水处理设施短板突出，旱季藏污纳垢、雨季“零存整取”问题依然时有发生。

四、跨界水资源冲突风险

湖北省流域面积 50 平方千米以上河流 1232 条，大多数跨市、县，其中跨省界河流 116 条。多年来，跨界流域治理一直是水污染防治的难点，存在规则不清，责任不明，上下游互相推诿等问题。近年来，湖北省探索跨界流域治理路径，先后出现县区自发联盟、市州主导、省级推进等多种治理模式，一些河流污染加重的态势得以扭转，河流水质明显改善。但是随着湖北省经济社会突飞猛进发展，不少江河、湖泊、水库流域跨行政区划水环境污染问题时有发生，防治形势依然严峻。全省长江干流沿江城市近岸存在长度不等的污染带；汉江干流自1992年以来多次发生“水华”；中小河流水质超Ⅲ类河段长度占评价河长的20%以上，涢水、蛮河、神定河、唐白河等，以及城市的内河、内湖的污染更为严重，基本上属于劣Ⅴ类水质。武汉市主要城区湖泊的总磷、总氮、化学耗氧量等主要污染物超过水环境的总容量。

跨界水环境污染的负面影响多，除影响生产生活外，上下游、左右岸跨省、地、区县取用水、防洪、水污染等方面的潜在纠纷易诱发区域矛盾。如今，人民群众意识到水环境污染的危害性，因而对于跨界水环境污染反应相当敏感。有些地方上下游之间的矛盾纠纷影响了社会稳定。2023年2月湖北省生态环境厅发布《关于推动流域水生态环境保护联防联治工作的通知》，在长江干流、汉江干流、清江、东荆河、府澴河等19个重点流域建立跨市联防联治机制，守住水环境安全底线，持续改善水生态环境。

五、水资源应急管理风险

水利事业作为大众性服务行业，其与人民生活息息相关，因此多年来，水旱事件一直都是网络舆论关注热点，特别是一些负面信息的曝光很容易使其走上舆论关注的风口浪尖，甚至发展为负面影响巨大的社会公共事件。因此，在新的发展理念指导下，如何科学应对和及时有效处置水资源突发公共事件，是水资源管理和监控能力建设中必须解决的重大课题。

湖北省不断推进水利改革与创新，已在全国率先建立五级河湖长体系，实行了最严格的水资源管理制度，加强水资源消耗总量和强度双控，完成了主要河流的水量分配方案，强化了对江河湖泊、水资源开发利用、水利工程建设和运行的监管，推进了水利“放管服”改革，提高了办事效率和服务质量，推动了政务服务高效化，水治理能力明显提升。由于受历史认知、资金保障、政策引导等多因素所限，信息化、农业水价、投融资体制、水权水市场、“放管服”、人才队伍建设等改革创新诸多方面虽有突破，但仍显不足，需要进一步深入改革，激发行业活力。

总体来看，湖北的流域安全保障水平处于历史最好阶段，但受气候变化复杂、地形地貌差异大、水资源时空不均、发展不平衡不充分等省情影响，部分流域、区域的防洪排涝、供水抗旱仍然存在薄弱环节；水生态环境大幅改善，总体趋势稳中向好，但与人民群众对幸福河湖的期盼尚存差距；水利改革创新取得一定进展，但仍需提速加力实现新突破。

第三节　维护流域安全的总体思路

一、基本原则

坚持流域开发与保护、流域治理与发展相统一是维护流域安全的基本原则。

习近平总书记指出，“坚持统筹发展和安全，坚持发展和安全并重，实现高质量发展和高水平安全的良性互动，既通过发展提升国家安全实力，又深入推进国家安全思路、体制、手段创新，营造有利于经济社会发展的安全环境，在发展中更多考虑安全因素，努力实现发展和安全的动态平衡，全面提高国家安全工作能力和水平”。① 因此，维护流域安全的最终目标是实现可持续的稳定发展，流域综合治理应坚持流域开发与保护、流域治理与发展相统一的原则。

湖北应以流域综合治理统筹发展和安全，加强底线管控，明确发展指引，强化项目支撑和目标考核，走“绿色增长、集约高效”的四化同步发展路径。

二、指导方针

系统化推进流域综合治理是维护流域安全的指导方针。习近平总书记在几次长江经济带发展座谈会上的讲话都体现了流域治理的系统观、整体观、共享观。他强调指出：“要从生态系统整体性和长江流域系统性出发”②，按照山水林田湖草是一个生命共同体的理念，研究提出从源头上系统开展生态环境修复和保护的整体预案和行动方案。③ 坚持系统观念治水，关键是要以流域为单元，用系统思维统筹水的全过程治理，强化流域治理管理。流域是降水自然形成的以分水岭为边界、以江河湖泊为纽带的独立空间单元，流域内自然要素、经济要素、社会要素、文化要素紧密关联，共同构成了复合大系统。治水只有立足于流域的系统性、水流的规律性，正确处理系统与要素、要素与要素、结构与层次、系统与环境的关系，才能有效提升流域水安全保障能力。因此，长江流域应强化系统思维与整体思维，改变过去以局部“事”或“物”为中心的传统，从全局构建“人与自然和谐共处”的法治化、制度化、规范化、程序化、多元化的综合治理体系，统筹考虑流域水资源条件、经济社会发展需求

① 习近平．习近平谈治国理政．4 卷［M］．北京：外文出版社，2022：390.

② 习近平．习近平著作选读．2 卷［M］．北京：人民出版社，2023：51.

③ 习近平．习近平著作选读．2 卷［M］．北京：人民出版社，2023：151.

和自然环境各要素水平，把治水与治山、治林、治田、治城等有机结合起来，系统解决水灾害、水资源、水环境、水生态等问题，维护流域整体生态系统安全。

跨越多个行政区划，一直是长江大保护的难题。要加强上下游统筹、左右岸协同、干支流互动，共抓长江大保护，守住水环境安全底线。近年来，湖北省探索跨界流域治理路径，先后出现滠水河县区自发联盟、黄柏河市州主导、通顺河省级推进等多种治理模式，河流水质明显改善，但总体上统一规划、统一行动的污染协同治理体制机制尚未完全建立。未来要进一步加强区域合作，支持全省各市县从全流域“一盘棋”角度出发，共同推进流域协同治理。

三、统筹发展

（一）以流域水资源高效利用防范农田灾害风险，统筹推进农业现代化

统筹水安全设施与水资源利用，贯穿现代农业发展的各个环节。大力发展高效节水农业，防范农田灾害及农业面源污染等风险隐患，统筹推进农业现代化，进一步稳固国家粮食安全基地地位。

（二）以流域水污染防治为重点守住水环境底线，统筹推进新型工业化发展

严格水污染防治措施，倒逼产业转型升级。根据流域水质目标、主体功能区划及生态红线区划的要求，分区域、分流域制定并实施差别化环境准入政策，提高高耗水、高污染行业准入门槛。沿江地区严格限制新建中重度污染化工项目，加快推进沿江化工企业搬迁改造与技术、产品、工艺更新相结合，与智能制造、绿色制造相结合。目前，湖北省化工新材料、高端精细化工、生物农药、新型高效化肥等高档次化工产品比重在30%以上，低端高耗能产品大幅减少，实现了“搬新、搬高、搬绿、搬强”。同时，按照清洁生产的要求进行技术改造，支持企业入园集群发展、集中治污，提高水循环利用率，减少废水和水污染物排放量，对为减少水污染进行技术改造或者转产的企业，通过财政、金融、土地使用、能源供应、政府采购等措施予以鼓励和扶持。

（三）以流域生态环境治理为重点守住生态底线，助推以人为本的绿色城镇化

一是树立山水林田湖草生命共同体理念，全面推进绿色城镇化。以习近平生态文明思想为指引，以山水林田湖草的自然联系为依托，建设流域生态环境

治理新体系，统筹推进城乡基础设施和生态网络建设，构建山水城和谐统一的发展格局，加强流域生态环境保护与修复，促进长江沿线城市更新、县域低碳化改造和美丽乡村建设，推动绿色城镇化发展进程。

二是以现代水网建设为依托，提升城市韧性水平。以江河湖库水系联通工程为重点，构建“系统完备、安全可靠，集约高效、循环通畅、调控有序”的现代水网，积极建设海绵城市，提高城镇的宜居性与发展的可持续性，努力实现城水共生、人水和谐新局面。

三是通过流域河道整治和航道建设，畅通新型城镇化进程中的要素联系。目前，长江干支线高等级航道里程达上万千米，“水上高速路”日益通畅，黄金水道潜能不断释放，2022 年长江干线港口完成货物吞吐量超 35 亿吨，稳居世界内河首位。未来湖北可与长三角地区、长江中游城市群和成渝地区双城经济圈等重点地区积极联动，依托长江黄金水道推动铁水联运、江海联运、多式联运共同发力，持续完善城市群综合立体交通走廊，畅通城镇化进程中的要素联系，加速一体化发展进程。

（四）以流域智慧水利建设防范流域应急风险，推进信息化建设

一是加快推进现代水网建设。运用物联网、大数据、人工智能等新技术与流域防洪排涝、江河管理等水利工程深度融合，科学谋划建设现代水网，显著提升人们科学用水、快捷用水、智能减灾的安全感与幸福感。统筹山水林田湖草沙系统治理，加快建设省、市、县三级水网，推进水网与现代农业、内河航运、能源等其他行业领域协同融合。

二是构建天、空、地一体化水利感知网和数字化场景，建设具有预报、预警、预演、预案功能的智慧水利体系，建设以涉河项目管理为重点，贯穿规划、许可、监督、执法、信息公开等管理环节，实行河湖流域空间动态监控和涉河流域项目全过程监管，实现水安全风险从被动应对向主动防控转变。以水利信息化系统建设为媒介，全面提升经济社会智能化水平。

（五）以流域协同治理为重点防范多方涉事主体间冲突风险，推进四化同步发展

一是打破行政区划和利益壁垒，建立健全统一规划、统一行动的污染协同治理体制机制，形成流域协同治理与四化同步发展的合力。加强区域合作，创新和完善协同治理工作机制，实施以流域为单元的综合治理，统筹谋划上下游、干支流、左右岸、地表地下、城市乡村一体化管控，努力打破行政分割、破除利益

藩篱，共同推进流域协同治理，进一步优化四化同步发展的制度环境。

二是创新流域综合治理体制机制，完善河湖长制组织体系。建立健全统筹发展和安全、统筹生态环境保护和经济社会发展的流域综合治理体制机制，积极推行跨行政区综合执法，破解“九龙治水”困境，解决职能交叉、多头执法弊端。完善流域统一管理与区域分级管理相结合的河湖长制组织体系，推行宜昌经验，全面建立市县乡村四级河湖长制，推行“河湖长+警长+检察长+民间团体”模式，构建形成流域保护齐抓共管的大保护格局，助力四化同步发展。

第四节　维护流域安全的主要措施

针对流域安全上的各种风险和隐患，要牢固树立底线思想。湖北省采取一系列措施切实维护流域安全。

一、严格红线管理，守住流域安全底线

流域性是江河湖泊最根本、最鲜明的特性。近年来，湖北省从流域整体出发，坚持系统观念，强化底线思维，增强风险意识，站在人与自然和谐共生的高度谋发展，立足流域底图单元，摸家底、明底线、谋布局，努力做到在发展中保护、在保护中发展，实现环境效益、经济效益、社会效益多赢。

一是摸清流域家底。依托长江、汉江、清江 3 个一级流域和 16 个二级流域片区划分成果，掌握自然资源、河网水系、水利工程、人口分布、社会经济、产业发展等底数，明晰流域片区的本底特征和资源禀赋，发挥流域资源优势，为统筹流域资源环境和区域发展、明确流域区域发展布局和发展重点夯实基础。

二是划定流域“三线”。落实省控主要安全底线要求，具体确定各流域片区安全底线清单。明确流域水安全风险防控底线，保障标准内洪水下流域河湖防洪安全，确保遇标准内洪水时堤防、水库、蓄滞洪区等重点水利工程防洪安全和运行安全；强化水资源承载能力刚性约束上限，严格落实水资源消耗总量和强度双控行动，保障供水安全；划定水生态保护控制红线，维护水生态安全所必需的河湖空间、河湖生态水位流量和水土资源。

三是强化省级统筹。基于流域家底和安全底线，结合各片区资源特点和发展定位，按照全省统一布局，统筹发展和安全，统筹流域治理与区域管理，优化空间布局，转变发展方式，明确发展规模、方向和路径，形成各片区“四

化同步”的发展格局。以骨干水网为依托，完善水资源配置格局，促进水资源时空分布均衡，推进“荆楚安澜”现代水网建设，服务全省区域发展布局。结合流域安全底线，从水安全、水资源、水环境、水生态、水文化、水管理等方面系统梳理涉水安全考核和管理指标体系，指导市州有序开展流域治理工作。分区分类建立流域安全管控负面清单，建立健全流域清单管理制度，指导实施差别化管控。

二、以跨区域小流域综合治理为突破口，统筹水安全设施与水资源利用

《湖北省流域综合治理和统筹发展规划纲要》出台后，湖北省积极召开专题会议就小流域综合治理作出重要部署。在新的时代条件下，它的内涵和目标已不仅仅局限于传统的水土保持措施和生态环境保护要求，它是以满足人民日益增长的美好生活需要为出发点和落脚点，聚焦源头治污，合理配置生态、产业、城镇建设项目，实现流域综合治理与乡村振兴有机衔接，探索可复制、可推广的经验做法，努力实现“生态美、产业强、百姓富”。因此，小流域综合治理的核心理念在于：坚持流域治理保护与开发利用的有机统一，实现生态资源的资本化。通过引入市场机制，让流域综合治理参与生态产业化经营。吸引社会资本参与流域资源的治理、开发、整合和配置，挖掘流域内各种生态资源的潜在价值，大力发展“生态+农业、生态+旅游”等新业态，创造经济脆弱地区的内生经济增长动力。

一是以流域综合治理为契机提升农村供水保障能力与农业安全高效生产能力。全面实施农村供水保障提升工程，进一步提高供水水质、保证率和集约化水平。推进农村供水老旧管网更新改造、环状管网建设、水源地达标建设、水质监测和监管能力建设。加快推进农村生态河道与生态清洁小流域建设，美化乡村环境。实施大中型灌区续建配套和现代化改造，促进农业生产提质增效。到 2025 年全部完成现有病险水库除险加固，增强灌排功能，提高用水效率，改善农业生产条件，为现代农业发展提供生态安全保障能力和高效发展支撑能力。

二是积极探索“小流域综合治理+”模式，加快推动生态产品价值实现。当前湖北省在跨界小流域综合治理上已迈出积极步伐，尤其是在跨界河湖专项治理方面出台了一系列制度措施且成效显著。围绕梁子湖河湖共治，15 条入湖支流得到有效治理，梁子湖水质持续向好，2021 年 10 月，鄂州市梁子湖区获批国家生态文明建设示范区。可以说当前小流域综合治理的环境保护机制已经初步建立，但其经济价值乃至更高的生态品牌价值转化机制还未形成。未来

应在小流域综合治理共建共享的基础上，积极引入社会资本，更加注重水资源利用与农业生产、社会发展、生态环境保护的有机融合，促进农业生产立体高效、高产超优、时空集约，积极发展休闲观光、体验创意等现代农业新业态。湖北可抢抓《中华人民共和国农村集体经济组织法（草案）》即将释放的制度红利，开展土地和水资源集约化利用，激发乡村经济新活力。

三、探索数字孪生水利工程建设，实现流域安全的智能维护

“孪生”概念起源于20世纪60年代美国航天“阿波罗计划”，主要是在太空和地面同步运行两个几乎完全相同的航天器，从而通过检查地面航天器的状态辅助处理太空航天器遇到的紧急事件。2003年前后，迈克尔·格里夫斯教授在美国密歇根大学的课堂上提出数字孪生的设想并随后将其应用于制造业。2010年，美国国家航空航天局的技术报告中正式使用了“数字孪生”一词。随着研究的不断深入和新一代信息技术的发展，城市管理、交通、建筑、制造等越来越多的领域开始应用数字孪生。例如，工业制造领域，通过数字建模对产品的设计、生产、维护等环节进行实时动态仿真，继而反映机器设备的全生命周期过程。“数字孪生”概念后被引入中国，并且不再仅仅是一种技术，而是一种发展模式和转型路径。

首先是在湖北先行先试，作出探索。汉江兴隆水利枢纽进行试点探索。自2019年起，兴隆水利枢纽管理局开始谋划探索建设智慧兴隆工程，经过不断修订完善，枢纽智慧化运行建设规划方案初稿已编制完成，为推进数字孪生工程建设先行先试奠定坚实基础。数字孪生汉江兴隆水利枢纽工程是湖北省第一个数字孪生水利工程，也是湖北省数字孪生流域建设的重要组成部分。湖北省水利厅将积极与水利部、长江水利委员会对接，进一步加快建设进程。

其次是积极争创数字孪生建设先行先试灌区。水利部组织对全国申报的73个灌区进行了审查，并于2022年12月印发了《关于开展数字孪生灌区先行先试工作的通知》，启动48处大中型灌区开展数字孪生灌区先行先试建设，湖北漳河灌区和吴岭灌区位列其中。当前湖北省水利厅编制了数字孪生灌区先行先试建设实施方案，建设内容包括信息化基础设施、数字孪生平台、业务应用平台、网络安全体系、运行维护体系等。下一步湖北应进一步开展数字孪生灌区建设先行先试，建成较为完善的信息基础设施体系和业务应用平台，以及安全可靠的网络安全和运行维护体系，试点开展水资源配置与供用水调度、水旱灾害防御等关键业务的智能化应用。在促进业务协同、创新工作模式、提升服务效能方面不断取得突破，形成一批可推广、可复制的应用成果，以点带

面，示范引领全省数字孪生灌区建设有力有序有效推进，为新阶段灌区高质量发展提供有力支撑和强力驱动。

第五节　湖北各流域片区安全底线管控措施

一、全省流域分级分片区概述

湖北以自然地理条件为基础，综合考虑流域水系特点、生态格局等因素，将全省18.59万平方千米国土面积划分为长江干流、汉江和清江3个一级流域。其中，长江干流流域面积9.38万平方千米，汉江流域6.24万平方千米，清江流域2.97万平方千米（见图4-1）。

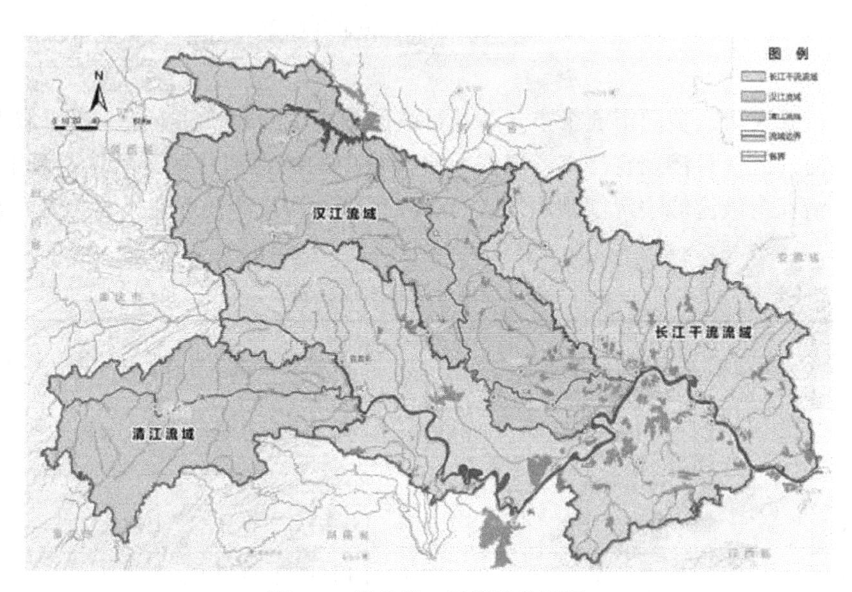

图4-1　湖北省一级流域分区图

在3个一级流域基础上，结合水资源分区、重大区域战略、国家重大水利工程、行政区划管理等因素，将全省细分为16个二级流域片区（见图4-2）。

从行政区划来说，湖北有省辖市12个、自治州1个、省直管县级市3个、林区1个，共17个行政区域。涉及行政区域最多的是汉江一级流域中的汉江下游片区，涉及荆门市、天门市、潜江市、仙桃市、孝感市、武汉市6个市；其次是长江干流一级流域中的府澴河片区，涉及随州市（全域）、孝感市、荆

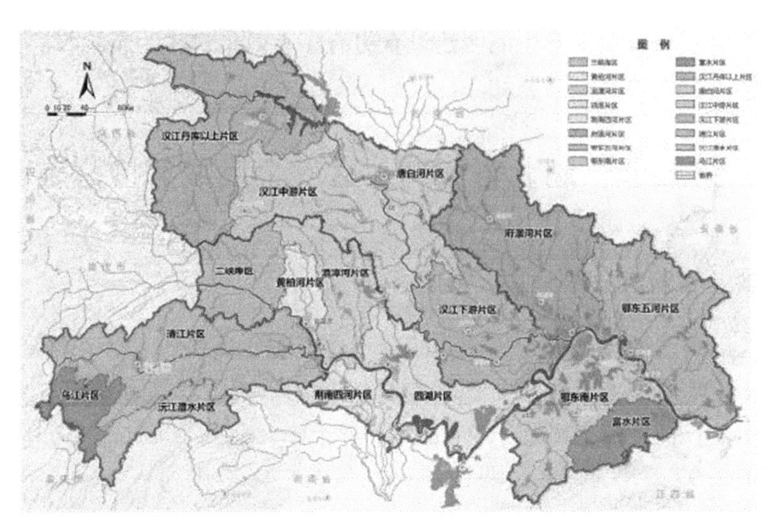

图 4-2　湖北省二级流域片区图

门市、武汉市、黄冈市 5 个市。涉及行政区域最少的是长江干流一级流域中的黄柏河片区，只涉及宜昌市；汉江一级流域中的唐白河片区，只涉及襄阳市；还有清江一级流域中沅江澧水片区、乌江片区，均只涉及恩施州（见表 4-1）。

表 4-1　　**湖北流域分区基本情况表**

序号	一级流域	二级流域片区	面积（万平方千米）	涉及市州、省直管县级市、林区
1	长江干流一级流域	三峡库区	0.777	宜昌市、恩施州、神农架林区
2		黄柏河片区	0.319	宜昌市
3		沮漳河片区	0.882	襄阳市、宜昌市、荆门市、荆州市
4		四湖片区	1.177	荆州市、荆门市、潜江市
5		荆南四河片区	0.587	荆州市、宜昌市
6		府澴河片区	1.945	随州市（全域）、孝感市、荆门市、武汉市、黄冈市
7		鄂东五河片区	1.834	武汉市、黄冈市、黄石市
8		鄂东南片区	1.357	武汉市、鄂州市、咸宁市、黄石市
9		富水片区	0.505	咸宁市、黄石市

续表

序号	一级流域	二级流域片区	面积（万平方千米）	涉及市州、省直管县级市、林区
10	汉江流域	汉江丹库以上片区	2.200	十堰市、神农架林区
11		唐白河片区	0.735	襄阳市
12		汉江中游片区	1.903	十堰市、神农架林区、襄阳市、荆门市
13		汉江下游片区	1.398	荆门市、天门市、潜江市、仙桃市、孝感市、武汉市
14	清江流域	清江片区	2.036	恩施州、宜昌市
15		沅江澧水片区	0.532	恩施州
16		乌江片区	0.403	恩施州
合计			18.59	

二、长江干流流域及其片区

湖北长江干流流域划分为富水片区、鄂东南片区等9个二级流域片区。在水安全底线方面，要基于4086千米3级及以上堤防，37座大型水库，141座中型水库，3999座小型水库，13处总蓄洪容积为381.02亿立方米长江蓄滞洪区，12处重要支流蓄滞洪区，来满足防洪抗旱要求，满足城乡供水保证率不低于95%、水稻区灌溉保证率不低于80%、旱作区灌溉保证率不低于75%，控制断面基本生态水位保证率不低于90%。

在水环境安全底线方面，通过225个省控水质监测点位（含国控114个）保证一定的水质优良率，并逐步改善Ⅳ、Ⅴ类水质。在耕地保护红线方面，要严守26084.11平方千米的耕地保护红线与22659.78平方千米的永久基本农田保护红线。在生态保护红线方面，要严守13854.48平方千米的生态保护红线。九大片区流域安全管控的重点任务分别为：

（一）三峡库区

开展三峡水库国家水源地水源涵养和库滨带系统治理，强化水源保护；因地制宜推进水源工程建设，提高城乡用水保障水平；加快推进中小河流防洪工程体系建设，补强山洪灾害防御措施。

提高三峡库区污水处理厂和垃圾处理设施运行效率，加强农业面源污染治理，推进消落区保护与修复，推进生态缓冲带及湿地建设。推进港口码头及航运污染风险管控。加强三峡库区漂浮物综合治理。严格水域开发利用管理，分类清理整顿小水电站。严格落实“十年禁渔”，逐步恢复水生生物生境，恢复珍稀鱼类种群资源。

（二）黄柏河片区

系统推进海绵城市建设，完善城市防洪排涝体系。全面建设国家节水型城市，加快实施引江补汉输水沿线补水工程建设，减轻黄柏河供水压力。推进区域水系互连互通，优化水资源配置，增加生态水量补给，加大流域水生态保护与修复治理力度；加强工程联合调度与河流生态流量管理。

优化沿江工业企业布局。深化入江支流“三磷”污染防治，加强磷矿治理，积极创建绿色矿山，强化磷石膏无害化处理和资源综合利用，力争建设具有全国影响力的磷石膏综合治理样板城市。加强历史遗留矿山综合整治和地质灾害防治。开展水生态修复，恢复外部原生湿地，建设内部人工湿地及生态缓冲带。加强对中华鲟等濒危珍稀物种栖息地保护。

（三）沮漳河片区

加快实施引江补汉输水沿线补水工程建设，开展大型灌区现代化改造，提高城乡供水与农业灌溉保障水平。推动沮漳河流域综合治理，上游完善控制性水库工程建设，中下游加高加固干流及支流堤防，加强下游分蓄洪民垸建设。

推进漳河水库、巩河水库等库区生态缓冲带划定与生态修复，加强流域水资源统一管理和调度，实施湖泊治理修复。开展历史遗留矿山治理和地质灾害防治，加强尾矿库污染和矿山综合治理。强化沮漳河水环境综合整治与水生态修复，开展玛瑙河等入江支流水环境综合整治，加强“三磷”企业监管，提升风险管控水平，推动化工项目逐步向园区集中。以废弃物资源利用为导向开展规模化畜禽养殖业污染防治，推进片区农业结构调整。开展农村人居环境整治，提高农村生活污水垃圾收集处理率。

（四）四湖片区

统筹洪涝协同治理，推进河湖防洪达标建设，提高重点易涝区排涝标准；系统实施湖泊生态保护与修复，畅通河湖水系连通通道；推进灌区续建配套与现代化改造，切实提高粮食综合生产能力；开展长江蓄滞洪区及安全区建设。

深化上游污染源整治，加快推进城区污水处理厂配套管网建设及雨污分流。强化工业污染防治，加强工业排污监管。持续开展入湖支流水生态环境综合治理，强化四湖总干渠、豉湖渠、西干渠等河道清理及水质提升整治专项行动。以监利市、洪湖市高密度养殖区和连片养殖区为重点实施水产养殖污染防治，开展水产养殖池塘尾水治理，推进现代水产养殖池塘升级改造。以洪湖和长湖为核心，实施湿地保护与修复，开展湖滨缓冲带划分与建设工程。

（五）荆南四河片区

完善防洪减灾体系建设，强化长江和荆南四河崩岸治理，加快推进洞庭湖四口水系综合整治，加强淤积河道和薄弱堤防治理，恢复江湖枯水季节的自然连通；推进引调水工程，优化取水工程布局，提高灌溉和生态用水保障能力；推进灌区新建扩建、续建配套与现代化改造。

强化荆州市工业污染防治，完善城镇生活污水处理设施建设，实施雨污分流工程。建设或改造长江荆江段船舶生活污水收集处置装置。推进片区农业结构调整，提高农产品质量。推进荆江岸线绿化整治，开展长江故道、崇湖等湿地保护区建设及生态修复，维护生物多样性。

（六）府澴河片区

完善防洪治涝体系，实施府澴河堤防达标建设及中小河流治理；加快推进引调水工程，提高区域水资源承载能力和城乡供水保障水平；积极推进水库安全鉴定和除险加固；稳妥推动长江蓄滞洪区布局优化调整与建设。加强农业基础设施和农田水利设施建设，推进随县、广水市、大悟县等区域水资源循环利用。

加强桐柏山、大别山水土流失综合治理和大洪山生物多样性保护。推进王母湖、野猪湖、涢水等重要湿地生态保护治理，实施重要河湖库生态缓冲带保护和建设，保护国家级水产种质资源保护区水生生物多样性。强化涢水、厥水、应山河、广水河等重点河流水环境综合治理及水生态修复。大力开展乡镇级集中式饮用水水源地保护及规范化建设。加强“三磷”企业水环境风险管控。

（七）鄂东五河片区

加快推进长江重要支流及中小河流防洪工程建设；加强三湖地区水系防洪治理，增加重点易涝区外排能力；积极推进水库安全鉴定和除险加固；完善区内水资源配置体系，推进江河湖库水系连通。

加快补齐城乡生活污染防治短板，推进黄梅县、武穴市城区黑臭水体整治。持续推进流域内农村污水收集处理。强化举水流域工业聚集区排查整治，推进工业企业达标排放。深入推进白莲河水库、龙感湖、遗爱湖、赤东湖及武山湖等重点湖库和入湖港道水质提升各项举措。加强巴水、倒水等水体支渠小流域综合整治。因地制宜开展黄冈重点区域水系连通。推进龙感湖湿地保护与修复。强化对轮镜塘尾矿库渗漏液污染处理，积极防范磷石膏污染风险。

加强大别山区水土流失综合防治，实施小流域、坡耕地综合治理，发展高效水源涵养林和水土保持防护林体系，增强大别山区整体水土保持和水源涵养能力。

（八）鄂东南片区

加快实施长江干堤达标与提质增效；开展重点湖区综合整治，提高重点易涝区排涝标准；加快推进引调水工程，完善地区水资源配置体系；加强河湖水系连通工程建设，实现江河湖库联调联供和分质供水。

加强梁子湖湿地生态功能修复与保护，恢复江湖连廊通道和湿地蓄水调洪能力，推进梁子湖、斧头湖等湖泊生态缓冲带建设。积极推动斧头湖、黄盖湖、大冶湖等重点湖泊流域综合治理，加快主要入湖河流沿线城镇污水处理设施提标改造。加强流域范围内农业面源和水产养殖污染控制，科学清淤，减少内源污染。完善跨区域水体污染防治协作机制及应急联动合作机制，推动开展跨区域水生态补偿工作。积极开展大冶湖重金属污染监测与风险管控。

（九）富水片区

加快实施富水系统治理，提高流域防洪减灾能力；因地制宜推进水源工程建设，提高城乡用水保障水平；优化水资源配置格局，均衡流域水资源开发利用；推进灌区新建扩建及续建配套，切实提高粮食综合生产能力。

加强幕阜山区水土流失及石漠化综合治理，提高水源涵养能力。加强源头区水源地保护，完善水源地规范化及风险源应急防护建设，强化富水水库、王英水库等保护区内及入库支流沿线农业农村面源污染防治。开展富水水库及网湖环湖生态修复，加强河湖水系连通，构建富水与网湖湖泊群间的连通渠道。加强片区中下游城乡生产生活污染防治，推进畜禽养殖及水产连片集中养殖污染防治。积极开展开山塘口和尾矿库污染治理。

三、汉江流域及其片区

湖北省将境内汉江流域定为一级流域，划分为汉江丹库以上片区、唐白河片区、汉江中游片区、汉江下游片区 4 个二级流域片区。在水安全底线方面，要基于 1908 千米 3 级及以上堤防、26 座大型水库、106 座中型水库、2270 座小型水库 、1 处容积 22. 9 亿立方米的长江蓄滞洪区、14 处蓄洪容积共 35. 16 亿立方米的汉江蓄滞洪区、6 处重要支流蓄滞洪区，来满足防洪抗旱要求，满足城乡供水保证率不低于 95%、水稻区灌溉保证率不低于 80%、旱作区灌溉保证率不低于 75%，控制断面基本生态水位保证率不低于 90%。在水环境安全底线方面，107 个省控水质监测点位（含国控 70 个）要保证一定的水质优良率，并逐步改善Ⅳ、Ⅴ类水质。在耕地保护红线方面，要严守 16329. 62 平方千米的耕地保护红线与 13994. 77 平方千米的永久基本农田保护红线。在生态保护红线方面，要严守 12253. 95 平方千米的生态保护红线。四大片区流域安全管控的重点任务分别为：

（一）汉江丹库以上片区

开展丹江口水库国家水源地水源涵养和库滨带系统治理，守好一库净水；完善十堰市水资源配置体系，提升城乡供水保障能力；补强中小河流及山洪沟防洪工程建设。推进丹江口水库及入库支流污染排查整治，保障丹江口水库及汉江中下游沿线城市饮用水水源水质安全。完善流域城镇污水收集管网建设，分批、分区进行管网更新、破损修复及雨污分流改造。治理神定河、泗河等丹江口水库入库河流总氮污染，削减入库农业面源污染总氮负荷。

加强丹江口库区及周边区域水土流失和石漠化综合治理，巩固库周等重点区域天然林保护成果，持续提高林草植被覆盖率。加强区域生物多样性保护，重点提升神农架及自然保护地管护水平。加强丹江口水库生态保护和水源涵养，推进流域湿地、生态缓冲带建设（恢复），提高流域水生生物多样性，防止丹江口水库库湾水华发生。开展丹江口库区尾矿库综合整治，提升丹江口库区水环境风险防范与应急能力。

（二）唐白河片区

加快推进引调水工程，减轻区内供水压力；封闭襄阳城市防洪保护圈，进行堤防达标建设，加大河道整治力度；积极推进水库安全鉴定和除险加固。强化流域水资源联合调度，保障唐白河等生态流量。

推进唐白河、滚河、清河沿线污染排查整治。加快流域饮用水水源地环境综合整治，推进水源地规范化建设。加强流域水环境监管能力建设，提升水质实时监测预警能力。加强桐柏山区域生物多样性保护。开展主要河流岸线水土流失治理、河道清淤及水生态修复，保护河道形态和生态系统稳定。

（三）汉江中游片区

实施汉江中游堤防达标与提质增效，开展蓄滞洪区及安全区建设，完善汉江防洪减灾体系；加快推进引调水工程，改善供用水条件，减轻灌溉和生态用水压力；积极推进水库安全鉴定和除险加固。建立汉江中游水资源联合调度及保障机制，确保干流生态流量，加强襄阳、荆门等沿江城市节水改造。

开展襄阳市、荆门市乡镇级饮用水水源地环境综合整治及规范化建设，持续完善水源地周边散户生活污水处理基础设施，大力削减农业面源污染。持续开展汉江干流及蛮河、浰河等支流流域“三磷”治理，推进工业聚集区污水集中处理设施及配套管网建设，防范流域重金属污染风险。加强蛮河、浰河、直河等入江支流水环境综合整治，优化整合南河、北河、蛮河、直河流域畜禽养殖布局，补齐城镇薄弱地区和农村地区生活污水及垃圾收集处理设施短板。加强汉江襄阳、荆门河段航运污染防治，建设船舶污染物接收转运码头和趸船。加强大洪山生物多样性保护，推进汉江襄阳、荆门段沿线江段崩岸及水土流失治理。

（四）汉江下游片区

实施汉江下游堤防达标与提质增效；开展重点湖区综合整治，提高重点易涝区排涝标准。积极推进河湖水系连通，强化汉江下游水资源联合调度，保障汉江干支流生态流量，预警和防控汉江下游江段水华发生，确保沿江城市饮用水安全。推进灌区新建扩建、续建配套与现代化改造，切实提高粮食综合生产能力。

持续开展流域内不达标乡镇级及以下水源地环境综合整治。逐步推进流域内荆门、潜江、仙桃、孝感、天门、武汉等城市老旧城区污水收集管网查漏补损和管网改造，推进雨污分流。持续推进流域内农村污水收集处理，加快突破农业农村面源污染治理瓶颈。加强流域内工业污水处理厂尾水深度处理，鼓励发展节水型工业。实施竹皮河、天门河、京山河、通顺河、东荆河等重点支流入河排污口综合整治。科学划定生态缓冲带，推进汉江干流沿线水土流失及生态修复治理，修复受损岸线。

四、清江流域及其片区

湖北省将清江流域定为一级流域，划分为清江片区、沅江澧水片区、乌江片区 3 个二级流域片区。在水安全底线方面，要基于 3 座大型水库、36 座中型水库、303 座小型水库，来满足防洪抗旱要求，满足城乡供水保证率不低于 95%、水稻区灌溉保证率不低于 80%、旱作区灌溉保证率不低于 75%，控制断面基本生态水位保证率不低于 90%。在水环境底线方面，29 个省控水质监测点位（含国控 20 个）要保证一定的水质优良率，并逐步改善Ⅳ、Ⅴ类水质。在耕地保护红线方面，要严守 3817.62 平方千米的耕地保护红线与 3013.26 平方千米的永久基本农田保护红线。在生态保护红线方面，要严守 11250.55 平方千米的生态保护红线。

（一）清江片区

加强清江系统治理与防洪工程建设，完善防洪减灾体系。开展隔河岩水库省级战略水源地水源涵养和库滨带系统治理，强化水源保护，积极推进清江引水工程，加强区域重要水资源配置工程与国家重大水资源配置工程的互联互通。因地制宜推进水源工程建设，提高城乡用水保障水平。统筹流域水资源开发利用，加强生态流量管理。

加快推进城区污水管网新改扩建工程，提高城区污水收集处理率。完成清江入河排污口排查整治。有效防范流域矿井涌水、底泥重金属等对流域水环境影响。加强农村分散式饮用水水源地保护，推进农业面源污染治理。强化武陵山区水土流失和石漠化综合治理，严格清江水源涵养区用途管制，科学开展水源涵养林建设。加强矿山生态修复和地质灾害防治，推进绿色矿山建设。提高自然保护地管护水平，维护区域生物多样性水平。严厉打击非法捕捞，保护清江流域水生生物多样性。

（二）沅江澧水片区

加强中小河流防洪工程体系建设，补强山洪灾害防御措施；强化水土流失治理与水源保护，推进生态清洁小流域建设；持续实施农村饮水提标升级，确保农村供水安全。

开展来凤县新峡水库等水源地保护修复工作，完善农村饮用水水源地规范化建设。加快推进城区污水管网新改扩建工程，提高城区污水收集处理率。开展农村生活污水治理和农村环境综合整治。妥善实施尾矿库综合治理，有效防范水环境风险。加强片区森林资源保护和自然保护地建设，维护区域生物多样性水平。

（三）乌江片区

加强中小河流防洪工程体系建设，补强山洪灾害防御措施，加强地质灾害防治。强化水土流失治理与水源保护，开展石漠化综合治理。持续实施农村饮水提标升级，确保农村供水安全。

开展乡镇级水源地规范化建设与保护区内污染治理，确保饮用水水源地水质安全。开展唐崖河入河排污口排查与规范化整治，有效控制入河排污量。开展郁江水生态环境健康调查评估，保护水生生物栖息地，严厉打击非法捕捞。加强河流生境保护，开展河流沿岸绿化，建设入河口生态湿地。

第五章　以流域综合治理推动四化同步发展

人类文明最早诞生于流域。流域的开发利用和管理，与人类进步、社会经济发展之间有着密切的关系。长江经济带加快推进以流域综合治理为基础的四化（新型工业化、信息化、城镇化、农业现代化）同步发展，是以习近平新时代中国特色社会主义思想为指导落实“以水定城、以水定地、以水定人、以水定产”原则的新实践，是探索中国式现代化的新路径。

第一节　以流域综合治理推动新型工业化发展

流域综合治理，往往被人们认为是生态修复项目，与工业化不沾边、是“两张皮”。实际上，其重要性不只是体现在修复生态、建设生态、保护生态，也与新型工业化、信息化、城镇化、农业现代化有密切的关联。我们首先分析流域综合治理对新型工业化的推进机制和作用。

一、以航运系统治理充分发挥“黄金水道”功能，构筑物流优势

长江经济带是基于“黄金水道”形成的，只有充分发挥水运优势才能称为“黄金水道”。在流域综合治理中，要以航运系统治理为制造业构筑物流成本优势，助力新型工业化发展。

加快干线航道系统治理，畅通物流通道。加快实施一批重大航道治理工程，加快推进航道整治工程建设，重点打通长江中游“肠梗阻”。在2022年3月完成安庆至武汉6米水深航道整治工程的基础上，加快推进武汉至宜昌段4.5米水深航道整治工程，全面建成“645工程”；积极推动实施三峡枢纽水运新通道和葛洲坝航运扩能工程，打通瓶颈制约。

健全多式联运服务体系，降低物流成本。加快发展内联外畅、干支结合的集装箱运输网络。着力提高多式联运发展水平。加快推进国家多式联运示范工程建设。着力发展现代物流。推进港口、航运企业融合发展。不断拓展物流服务功能，构建以物流信息系统为基础，以运输、仓储为主要职能，服务职能不

断完善的现代物流体系。重点推进国际海铁联运发展，推动中欧班列与江海直航无缝衔接，拓展“江海直航、铁海联运”辐射范围。

创新船舶绿色技术，提升航运绿色发展水平。推进船舶污染防治新技术应用，在重点水域、关键区域建设船舶防污染监管检测系统，推动重点船舶配置污染物排放在线监测设备。配备船舶污水、燃油硫含量等快速检测仪器。推广应用新能源和清洁能源动力船舶，推动延续新建、改建 LNG 单燃料动力船舶鼓励政策，积极支持纯电力、燃料电池等动力船舶研发与推广。严格执行船舶强制报废制度，加快淘汰能耗高、污染大、安全系数低的老旧船舶。加快推进长江水系船舶岸电系统船载装置改造，完善岸电使用相关法规政策，利用中央预算内资金支持政策，推动协调相关省市实现重点船舶受电改造全覆盖。①

二、打造水能为主的清洁能源走廊，实现产业低碳发展

水电是重要的清洁可再生能源，其技术成熟、经济性好、可大规模开发，既能代替煤电提供稳定绿色的电力供应，又能发挥灵活调节和储能作用，保障电力系统安全稳定运行，并带动更大规模新能源开发利用。长江流域水力资源理论蕴藏量达 3 亿千瓦，约占全国总量的 40%，是中国水电开发的主要基地。抽水蓄能是水电的深度开发，具有调峰、调频、调相、储能、系统备用和黑启动等“六大功能”，是当前技术最成熟、全生命周期碳减排效益最显著、经济性最优且最具大规模开发条件的电力系统灵活调节电源。长江流域抽水蓄能站点资源超 2. 5 亿千瓦，是中国新能源发展及能源储备的重点地区。要在继续发挥三峡、葛洲坝、隔河岩等水电站功能和新建部分水电站的同时，积极发展抽水蓄能电站。

2021 年 9 月《抽水蓄能中长期发展规划（2021—2035 年）》发布以来，长江流域抽水蓄能产业发展持续加快，成为能源转型发展、低碳发展的突破口。三峡集团响应国家号召，充分发挥大水电技术优势，在抽水蓄能超高水头机组、大容量机组、可变速机组、智能建造等方面持续开展科技攻关、技术创新，推动抽水蓄能技术进步，共促行业高质量发展。随着华东地区最大抽水蓄能电站——长龙山抽水蓄能电站全面投产发电，浙江天台、湖北平坦原等近 10 座抽水蓄能电站开工建设，安徽里庄等抽水蓄能电站前期工作加快推进，

① 秦尊文，田野．以党的二十大精神指引长江航运新航程［J］．长江航运，2023（2）．

三峡集团抽水蓄能业务基本形成“投产一批、开工一批、储备一批”的滚动开发格局。

长江流域各省市积极发展抽水蓄能发电，其中湖北是行动最早的省份之一。罗田白莲河和天堂2座抽水蓄能电站已建成投入商业运行，其中白莲河抽水蓄能电站总装机容量达到120万千瓦，相当于隔河岩水电站规模；通山大幕山等38个抽水蓄能电站项目纳入国家抽水蓄能发展规划，总装机3900.5万千瓦。重庆市奉节菜籽坝抽水蓄能电站正式开工建设。据了解，菜籽坝抽水蓄能电站总投资84亿元，总装机容量120万千瓦，预计年发电量11.4亿千瓦时。建成投用后，可有效对电网进行削峰填谷，预计实现年产值6.7亿元、年税收1.2亿元。四川省可建设的抽水蓄能电站集中分布于江油、雅安和攀枝花地区，尤其是江油市，其可建设的抽水蓄能电站至少占四川省的一半以上，条件十分优越，这在全国乃至全世界都十分罕见，可以建成中国“水电池之都”。“十四五”期间云南省列入国家抽水蓄能中长期规划的抽水蓄能电站共8个，总装机容量940万千瓦，总投资预计564亿元。其中，6个常规抽水蓄能电站分别为昆明市富民、红河哈尼族彝族自治州泸西、楚雄彝族自治州禄丰、文山州西畴、曲靖市宣威、玉溪市峨山；2个混合式抽水蓄能电站分别为金沙江中游梨园-阿海，澜沧江黄登-大华桥。①

抽水蓄能发电还能促进其他清洁能源发展。风电、太阳能发电具有随机性、波动性、间歇性等特点，抽水蓄能电站建设可有效减少风电、光伏等并网运行对电网造成的冲击，提高风电、光伏和电网运行的协调性及安全稳定性。抽水蓄能电站建设不仅可以保障大电网安全、促进新能源消纳、提升全系统性能、助力乡村振兴和经济社会发展，也是为现代能源体系量身打造的绿色巨型“充电宝”。要依托金沙江、雅砻江、大渡河、乌江、湘西等大型水电基地的调节作用与输电通道，统筹规划抽水蓄能和周边风电、光伏电站等的建设规模、外送方案与开发时序。充分发挥绿色能源资源优势，发展绿色铝、绿色硅等高载能产业。

总之，要充分发挥长江流域能源、资源优势，重点将可用水能“吃干榨尽”，积极推动能源结构低碳转型，打造水能为主的清洁能源走廊，支撑经济社会的低碳转型发展，为新型工业化发展持续增添强劲动力。

---

① 水电新能源处．全力加快推进云南省抽水蓄能开发［EB/OL］．云南省能源局网，2022-12-08.

三、严格水污染防治措施，倒逼产业转型升级

根据流域水质目标、主体功能区划及生态红线区划的要求，分区域、分流域制定并实施差别化环境准入政策，加快推进沿江化工企业搬迁改造与技术、产品、工艺更新相结合，与智能制造、绿色制造相结合。目前，湖北省化工新材料、高端精细化工、生物农药、新型高效化肥等高档次化工产品比重达到30%以上。同时，按照清洁生产的要求进行技术改造，支持企业入园集群发展、集中治污，提高水循环利用率，减少废水和水污染物排放量，对为减少水污染进行技术改造或者转产的企业，通过财政、金融、土地使用、能源供应、政府采购等措施予以鼓励和扶持。

上海、江苏等地也通过水污染防治等措施，倒逼企业绿色发展、产业转型升级。以江苏省无锡市为例。无锡工业发达，早前工业污水直接排放到湖水里，导致2007年暴发蓝藻污染，并且无锡处于太湖的北部下风口，整个太湖生长的蓝藻都被吹到了太湖无锡水域。痛定思痛，“痛下杀手”。无锡关闭了高污染企业2600多家，否决了1100多个不利于环境的项目。无锡以太湖水污染治理这突破口倒逼产业转型升级，确定以发展具有特色优势的智能制造为主攻方向。作为全国唯一的国家传感网创新示范区，无锡物联网产业集群在国家工信部先进制造业集群竞赛中获得第二名的好成绩，聚集物联网企业3000余家，形成了涵盖关联芯片、感知设备、网络通信、智能硬件和应用服务的完整产业链，承接的物联网工程遍及全球78个国家和地区的830多座城市，终于开辟出“后蓝藻时代”新局面。现在无锡提出了更高要求。2023年8月28日，《推动太湖无锡水域水质根本性好转三年行动方案（2023—2025年）》（以下简称《行动方案》）正式发布。《行动方案》包括1个总方案和9个子方案，坚持生活、工业、农业、湖体“四源”共治，旨在推动太湖无锡水域水质早日根本性好转。就水质而言，《行动方案》提出，到2025年，太湖北部湖区水质达到Ⅲ类；无锡全市国省考河流断面全部稳定达到Ⅲ类，重点断面Ⅱ类比例力争达到45%；滆湖宜兴水域水质达到Ⅳ类，营养状态力争由中度富营养改善到轻度富营养；流域生态系统质量持续提升，水生态环境综合评价指数提升到“良好”，全力推动太湖无锡水域水质实现根本性好转。《行动方案》同时也列出了建设任务，分别是抓好工业企业整治、加强入河排污口监管、加快农业农村污染治理、提升城镇污水集中收集处理能力、深化新一轮河道治理、聚焦太湖清淤、加强有机废弃物处理利用、持续推进生态修复、做好太湖应急防控以及加大滆湖治理力度。在抓好工业企业整治方面，《行动方

案》提出，要提升工业污水处理能力，2024 年实现工业废水与生活污水应分尽分。①

四、珍惜岸线资源，优化港口与腹地产业布局

岸线是水土结合的特殊资源，是流域开发中不可再生的稀缺资源。岸线资源开发利用应统一管理，为未来发展预留可利用的岸线和土地空间。统筹考虑港口布局和功能定位，扭转无序竞争的状况；在深水岸线资源最好的岸段，有重点地发展一些公用码头，同时结合沿江制造业布局配套专用码头，使公用码头和专用码头互为补充。通盘考虑沿岸和腹地的产业布局，减少深水岸线的低效占用，增强沿江开发的辐射带动效应。不依赖岸线的产业、不需要很长岸线的企业、岸线利用效益低的项目、可以共用一段岸线的园区，都尽量向腹地延伸。

第二节　以流域综合治理推动信息化发展

长江流域综合治理，不仅能推动新型工业化发展，也能促进信息化、数字化发展，为“数字中国”助一臂之力。

一、加强“数字孪生流域”建设，提升全社会数字感知能力

作为我国第一大河，长江流域总面积达 180 万平方千米，其治理管理涉及 19 个省（自治区、直辖市）。目前，长江流域初步构建了集水文水资源、水生态、水土保持于一体的监测站网体系。但面对长江经济带高质量发展和长江大保护的更高要求，急需从全面化、精准化、智能化等方面提升流域监测综合感知能力和全过程水管控业务应用能力。在这种背景下，“数字孪生流域”应运而生。

2021 年 12 月水利部召开推进数字孪生流域建设工作会议。2022 年以来，水利部先后出台《数字孪生流域建设技术大纲（试行）》《数字孪生水网建设技术导则（试行）》《数字孪生水利工程建设技术导则（试行）》《水利业务“四预”基本技术要求（试行）》《数字孪生流域共建共享管理办法（试行）》等系列文件，细化明确了数字孪生流域、数字孪生水网、数字孪生水

① 孙权．深入推进太湖治理 江苏无锡发布“1+9”三年行动方案［EB/OL］. 中国新闻网，2023-08-28.

利工程、水利业务预报—预警—预演—预案（以下简称“四预”）等建什么、谁来建、怎么建以及如何共享的要求，为各级水利部门智慧水利建设提供了基本技术遵循。

长江流域内山水林田湖草沙等各生态要素紧密联系、相互影响、相互依存，构成了流域生命共同体。所以强调要以流域为单元，这是顺应自然规律。推进智慧水利建设要以数字孪生流域建设为核心，是顺应以流域为单元、强化流域治理管理、适应信息技术发展的需要。充分运用物联网、大数据、云计算、人工智能、数字孪生等新一代信息技术，建设数字孪生流域，实现数字化场景、智慧化模拟、精准化决策，建成具有“四预”功能的智慧水利体系，赋能水旱灾害防御、水资源集约节约利用、水资源优化配置、大江大河大湖生态保护治理，为新阶段水利高质量发展提供有力支撑和强力驱动。2023 年 4 月 28 日，在水利部长江水利委员会组织实施下，我国首个数字孪生流域建设重大项目——长江流域全覆盖水监控系统建设项目开工建设。目前，长江水利委员会已启动推进数字孪生试点建设工作，项目总投资 5. 97 亿元，工期 3 年。长江流域全覆盖水监控系统建设是列入国务院确定的 150 项重大水利工程和《“十四五”水安全保障规划》的智慧水利重点项目。项目建设围绕数字孪生流域建设的目标任务，通过新建改造水文站网，完善视频和遥感等监测手段，构建覆盖长江干流、雅砻江、岷江、嘉陵江、乌江、沅江、湘江、汉江、赣江、洞庭湖、鄱阳湖等重点区域的水监测感知体系；同时加强监测数据汇集和处理分析，搭建监测、评估、告警、处置、总结全过程管控应用体系，提升“四预”对流域治理管理决策的支持能力。项目实施后，将为长江流域水利决策管理提供前瞻性、科学性、精准性、安全性支持，对强化流域统一规划、统一治理、统一调度、统一管理，提升长江流域水安全保障能力具有重要作用，对全国加快推进数字孪生流域建设具有重要的示范意义。

基于数字孪生技术，构建集监控管理、大数据分析、智能应用为一体的长江流域水文水资源监测预报预警平台，提供水文测报、预报预警、分析评价一站式服务，凝聚“测、报、算”专业合力，提升水文业务的智能化水平。当前，长江水利委员会水文局正在探索利用新一代数字技术对水文业务、水文管理和水文服务开展更深层次的重塑，促进业务数据化、数据资产化、应用场景化，提高工作效率，提升服务品质，推动水文数字化转型。同时，开展长江流域控制性水利工程综合调度系统建设，打造集流域情势分析、流域水模拟、防洪及水量调度等功能为一体的数字孪生平台，推进数字孪生流域建设，提升水利信息化水平。

二、加快“数字航道”建设，为促进“双循环”提供航运支撑

长江航道建设的指导方针是“深下游、畅中游、延上游、通支流”。交通运输部长江航道局负责长江干线宜宾合江门至长江入海口全长2754千米主航道规划、建设、运行、维护等工作。同时还维护着副航道、支流河口航道、海轮航道、专用航道约1893千米，维护总里程约4647千米。近年来，长江航道局无论是在“深下游、畅中游”还是在“延上游、通支流”过程中都十分注重数字航道建设。数字航道是通过运用电脑网络、数字通信、卫星定位、GIS等现代信息技术，将航标、船舶、水深图通过数字化的方式进行整合，从而实现一套可操作、可查看、可追溯的软件系统。2016年12月，交通运输部批复长江干线数字航道综合服务平台建设工程可行性研究报告；2017年12月，交通运输部批复长江干线数字航道综合服务平台建设工程初步设计；2018年9月，工程正式实施；2020年12月，工程完成全部建设内容并试运行。2022年“长江数字航道一体化服务系统关键技术研究及应用”项目荣获中国水运建设行业协会科学技术奖特等奖。

工程建设了长江干线数字航道综合服务平台，主要包括综合信息服务系统和综合业务服务系统2个应用系统，建设了长江航道数据中心，完善了主机及存储备份等硬件设备，配置了监控设备，配套建设了相应设施。通过整合长江干线各区域数字航道资源，实现长江干线宜宾至浏河口段全线电子航道图、航道维护尺度、水位、航标等信息的集中统一对外发布，包括用门户网站、网络地图、手机应用等多种方式发布，实现全线航道条件的集中统一在线监控，长江航道信息资源的集中管理，并与长江航运数据中心互联互通，能为沿线港航管理部门和长江航道局系统单位提供统一的数据交换服务，为长江航道局对内管理和对外服务水平的提升提供有力保障。工程完工投入应用后，实现航道要素感知全面化、航道维护管理主动化、航道业务管理标准化、航道管理决策科学化，全面提升了综合管理品质和服务效能，进一步发挥长江水运优势。将进一步提升电子航道图生产能力，加快打造“水上智慧生态图”，构建以武汉为中心的长江干线电子航道图数据服务中心，引领长江水系建成“干支联动、水系联网”的水运服务架构，以电子航道图承载的航道智能化信息服务支撑及引领我国内河航道数字化、智能化建设与发展，为服务新发展格局增添新动能。①

---

① 秦尊文．在流域综合治理中统筹推进四化同步发展［J］．政策，2023（2）．

2021年，为进一步扩大长江、汉江“干支联动”数据范围，发挥电子航道图建设成效，湖北省交通运输厅港航管理局继续委托长江航道测量中心，开展了汉江碾盘山到崔家营110千米Ⅳ级航道，崔家营到襄阳33千米Ⅲ级航道的电子航道图建设工作。依照统一标准规范制作143千米电子航道图数据，与已经上线的375千米汉江电子航道图数据无缝衔接，实现湖北省境内汉江干流电子航道图数据的全面覆盖，更好地提升了湖北省港航信息服务能力，推动沿江经济高质量发展，进一步加快全国内河电子航道图“一张图”的建设。

金沙江航道是宜宾市重要水运通道，与长江干线“黄金水道”相衔接，构成了东西水运主通道。但由于金沙江航道内滩险较多，配套的航道维护设施设备不足，航运需求的增长和航道通过能力、保障能力不足之间的矛盾日益凸显。为解决这一矛盾，正在谋划开展金沙江宜宾合江门至水富段航标工程建设——数字航道系统建设，在硬件软件建设上一起发力，将为金沙江航道的升级转型带来重要的推动力。① 通过实现数字化管理和服务，金沙江数字航道将有效提高航道通过能力和通航安全性，全力构建“干支联动”区域协同发展新格局，助力长江上游航运高质量发展。

三、推进数字化建设，打造“东数西算中储”枢纽节点

要大力推进“数字长江”建设。“数字长江”主要包含六大应用体系：一是电子政务体系，提供网上政务和政府信息公开服务；二是公众服务体系，提供网上公共信息搜索、查询服务；三是电子商务体系，提供电子化的船货交易、物流运输、设备购置、人才招聘等服务；四是数字装备体系，实现港口及船舶设备的数字化、自动化和智能化；五是内部业务应用体系，实现各单位内部管理、经营、决策等信息流的网络传输和计算机处理；六是长江航运数据中心和综合服务信息系统，实现各系统间的数据交换和应用互联。“数字长江”是对长江航运信息化、智能化的形象描述，其基本内涵是将信息化技术广泛应用于政务管理、公共服务和企业经营等长江航运领域，通过信息化应用系统实现各类航运业务的流程优化、协同配合和辅助决策，最大限度地优化航运管理，提供公共服务，提升航行安全，提高运输效率，加强内部管理，降低运行成本，为促进沿江社会经济发展提供优质、高效、便捷的航运服务。

① 新华社．深化干支联动 金沙江首个数字航道建设将引入“长江模式”［EB/OL］．长江航道网，2023-07-21.

在“数字长江”建设中，“数字长三角”一马当先。数字长三角共建联盟由沪苏浙皖长三角联席办公室和上海青浦、上海松江、杭州、宁波、嘉兴、湖州、南京、苏州、合肥、芜湖等地共同倡议发起组建。数字长三角共建联盟遵循“开放、平等、协作”原则，将为“数字长三角”建设提供一个“共建共享、开放融合、互助共进、多跨协同”的全新的协作平台、智库平台和服务平台。2021 年印发的《长江三角洲区域一体化发展水安全保障规划》提出，推进长三角数字流域和水利智能化建设，在水利一张图的基础上构建数字流域，建立涵盖全要素的、时空密度适用的、天空地一体的智能感知网，推动水安全管理向主动管理、精细管理转变。

长江流域要协同建设新一代信息基础设施。加快构建新一代信息基础设施，推动信息基础设施达到世界先进水平，建设高速泛在信息网络，共同打造数字长三角。加快推进 5G 网络建设，支持电信运营、制造、IT 等行业龙头企业协同开展技术、设备、产品研发、服务创新及综合应用示范。深入推进 IPv6 规模部署，加快网络和应用升级改造，打造下一代互联网产业生态。统筹规划长江经济带数据中心，推进区域信息枢纽港建设，实现数据中心和存算资源协同布局。加快量子通信产业发展，统筹布局和规划建设量子保密通信干线网，实现与国家广域量子保密通信骨干网络无缝对接，开展量子通信应用试点。加强现代化测绘基准体系建设，实现卫星导航定位基准服务系统互联互通。

长江流域要共同推动重点领域智慧应用。大力发展基于物联网、大数据、人工智能的专业化服务，提升各领域融合发展、信息化协同和精细化管理水平。围绕城市公共管理、公共服务、公共安全等领域，支持有条件的城市建设基于人工智能和 5G 物联的城市大脑集群。加快政务数据资源共享共用，提高政府公共服务水平。支持北斗导航系统率先应用，建设南京位置服务数据中心。推进一体化智能化交通管理，深化重要客货运输领域协同监管、信息交换共享、大数据分析等管理合作。积极开展车联网和车路协同技术创新试点，筹划建设智慧交通示范项目，率先推进杭绍甬智慧高速公路建设。全面推行长三角地区、长江中游地区、成渝地区联网售票一网通、交通一卡通，提升区域内居民畅行的感受度和体验度。加强数字流域和智能水网建设。推动智慧广电建设，加快广播电视技术革新与体系重构。加强智慧邮政建设，支持快递服务数字化转型。

合力建设长江经济带工业互联网。积极推进以“互联网+先进制造业”为特色的工业互联网发展，打造国际领先、国内一流的跨行业跨领域跨区域工业互联网平台。统筹推进省际工业互联网建设，推动企业内外网改造升级，积极参与国家标识解析与标准体系构建。加快建设以跨行业跨领域跨区域平台为主体、企业级平台为支撑的工业互联网平台体系，推动企业上云和工业 APP 应用，促进制造业资源与互联网平台深度对接。全面建立工业互联网安全保障体系，着力推动安全技术手段研发应用，遴选推广一批创新实用的网络安全试点示范项目。

长江流域在信息化建设中应充分利用大数据产业，融入国家“东数西算中储”布局。长江中游的湖北要积极开展全国算力与大数据创新发展核心区建设。以武汉人工智能计算中心和武汉超算中心两大中心为龙头，以湖北算力与大数据产业联盟为依托，在流域综合治理中因地制宜、因“水”制宜发展大数据产业。武当云谷大数据中心是因“水”制宜的典型。央企汉江水利水电集团与大型国企十堰国投集团共同出资，利用稳定可靠的水电和丹江口水库丰富可持续的深层冷水资源优势建设大数据中心，建立全景式生态环境形势研判模式，加强水资源、水环境等数据的关联分析和综合研判。湖北可以此为切入点，整合全省资源，积极争取成为全国算力与大数据创新发展核心区。

第三节　以流域综合治理推动城镇化发展

在长江流域综合治理中，通过治山理水，使人们看得见山、望得见水、记得住乡愁，助推绿色城镇化发展。

一、实施“点轴”开发模式，构建流域绿色城镇体系

点轴开发模式是增长极理论的延伸，最早由波兰经济学家萨伦巴和马利士提出。从区域经济发展的过程看，经济中心总是首先集中在少数条件较好的区位，呈点状分布。随着经济的发展，点（经济中心）逐渐增加，点与点之间，由于生产要素交换需要交通线路以及动力供应线、水源供应线等，相互连接起来就是轴线。点轴开发可以理解为从发达区域大大小小的经济中心（点）沿交通线路向不发达区域纵深地发展推移。

在流域经济中，“点”就是流域中心城市，“轴”就是依托河流形成的经济带。“点轴”开发，就是将中心城市发展与以河流为轴线开发相结合的模式。湖北省全境属长江流域，省委省政府划分出 3 个一级流域：长江干流流域、汉江流域、清江流域。每一个一级流域都有一个中心城市，这就是点轴开发模式在湖北的实施。

长江干流一级流域，以武汉为“点”，带动沿江48个县市区这根“轴”转动起来。这根“轴”长达1061千米，被武汉这一“点”重点带动的是鄂州、黄冈、黄石，并称“武鄂黄黄”，是武汉都市圈的核心区。四市依江而立，顺江而下。2022年12月30日，湖北省出台《武鄂黄黄规划建设纲要大纲》，规划多中心组团式城镇用地布局，沿江环湖构建武汉新城组团、武昌组团、汉口组团、汉阳组团、汤逊湖组团、鄂州主城组团、黄冈主城组团、黄石—大冶组团（含黄石新港）八大城市组团。其中武汉新城组团地跨武汉、鄂州两市，是武汉都市圈和湖北长江经济带的主引擎，通过沿江八大城市组团“一线串珠”，既发挥武汉辐射带动作用，推动超大特大城市转变发展方式，又加快推进武鄂黄黄同城一体化发展，有利于进一步构建大中小城市和小城镇协调发展新格局，探索中西部地区跨区域发展、推进就近城镇化的新路子。

汉江一级流域，以襄阳为“点”，带动“湖北汉江生态经济带”这根“轴”转动起来。2015年湖北省委、省政府明确襄阳为“汉江流域中心城市”；2018年国务院批复的《汉江生态经济带发展规划》再次确认了这一定位。发挥襄阳汉江流域中心城市的带动作用，积极探索襄十随神城市群合作新路径。加强与安康、汉中、商洛的经济合作，探索汉江生态经济带区域间、流域间的生态补偿机制。依托二广高速、郑万高铁、焦柳铁路、浩吉铁路、呼南高铁等交通干线，探索与南阳、荆门等周边城市的区域合作机制，积极推动区域规划、基础设施、产业发展、生态环保等方面联动发展。襄十随神城市群限制开发区和禁止开发区比重高，为确保这些地区的发展，襄阳早就在市域范围内发展“飞地经济”。未来要逐步建立健全襄十随神城市群“飞地经济”财税利益分配机制，将“飞出地”和“飞入地”的经济捆绑发展，创新“飞地”产业园合作模式，实现互惠共赢。

清江一级流域，以恩施市为“点”，带动清江生态经济带这根“轴”转动起来。清江流域的11个县市，除宜都市以外，其他10个县市均为少数民族聚居地，属于山区，地形复杂多变，小气候多样，物种丰富，蕴藏着大量旅游资源。近年来随着多条高速公路、宜万铁路的开通，加上清江水电和旅游的开发，城镇化进程得以提速，在东西方向形成了一个高城镇化的轴，而南北方向明显偏低，空间异质性明显。为改变这一状况，可将利川城区、来凤县翔凤镇发展为副城。利川紧邻重庆市，翔凤镇离湖南龙山县城仅一水之隔，有口岸和湖北的门户作用，在政策上有国家西部大开发、国家少数民族和武陵经济协作区等优惠和支持，机遇难得。整个流域城镇空间结构轴线性比较明显，要加大主城、副城、卫星城的带动辐射作用，调整产业结构，加速偏远地区的城镇化进程；结合旅游、水电等提高现有城镇的级别和培育一些新的城镇点，使点和轴协调发展。特别是主城恩施还不够发达，够不上国家中等城市的标准，应大力建设，以充分体现其在流域经济中的核心、辐射、带动作用。①

在全省三大一级流域范围中划分的16个二级流域片区，可各确定一个城市作为极点，带动各流域片区经济社会发展。再通过一级流域与二级流域片区的垂直互动和横向沟通，以山水林田湖草的自然联系为依托，建设流域生态环境治理新体系，统筹推进城乡基础设施和生态网络建设，促进“点”城市更新、“轴”的低碳化改造和美丽乡村建设，形成全流域绿色城镇体系。

二、推进城水和谐共生，提升城市韧性水平

水是生命之源、生产之要、生态之基，是经济社会发展的基础性、先导性、控制性要素，水的承载空间决定了经济社会的发展空间。要以习近平生态文明思想为指导，坚决落实“以水定城、以水定地、以水定人、以水定产”，坚决落实水资源最大刚性约束作用，以水资源的集约节约安全利用支撑长江流域经济社会的高质量发展。要正确处理城与水的关系，努力提升城市韧性水平。

首先，要以水定城。以水定城实际上派生出以水定地、以水定人、以水定产。长江流域城市发展应通过水资源总量测算与调配，确定合宜的人口和用地规模，优化城市产业类型及布局，并制定节水发展目标与模式，实现城市水资源集约节约利用。进一步说，就是要切实把水资源作为最大刚性约束，在规划编制、政策制定、生产力布局中坚持节水优先，加快开展长江流域水资源承载力综合评估，严守水资源开发利用上限。就是要精打细算用好水资源，深度实施农业节水增效、工业节水减排、城乡生活节水，广泛开展节水宣传教育，推动用水方式由粗放低效向节约集约的根本转变；要从严从细管好水资源，科学配置全流域水资源，实行水资源消耗总量和强度双控，建立覆盖全流域的取用水总量控制体系，健全用水强度控制指标体系，坚决抑制不合理用水需求，打好深度节水控水攻坚战，用强有力的约束提高发展质量效益。

其次，要以水塑城。城市建设应重视从河道硬化渠化以及排水系统工程化向“海绵城市”倡导的韧性城市转型，更加注重精准预测水灾害风险，提高

---

① 马友平，刘永清，艾训儒，傅泽强，冯仲科．清江流域城镇体系空间结构的GIS分析［J］．测绘科学，2012（6）．

河湖与城市蓝绿系统韧性应对雨洪风险的调蓄能力。过去污水丑城、败城，现在清水美城、塑城。以贵阳南明河治理为例，南明河是乌江上游的右源支流，乌江是长江上游右岸的最大支流，南明河的生态环境质量是影响乌江及汇入长江断面水质的重要因素。在治理过程中，贵州省根据城市排水、功能分区与资源利用等特点，首创性提出了“适度集中、就地处理、就近回用”的系统规划治理理念，形成了城市尺度的污水处理及资源化利用的“分布式下沉再生水生态系统”创新技术体系，按照“统一规划、分步实施”原则，沿南明河干支流分布式建设33座再生水厂，河道生态修复185千米。目前，南明河治理创新实践已在全国22个省份进行推广应用，该技术体系是国家发改委、科技部等五部委推荐的绿色新基建水领域唯一技术，获评国家三部委城市“母亲河”黑臭水体治理示范。

最后，要以水兴城。长江流域滨水城市众多，充分利用城市水岸空间，精心规划滨水用地功能和空间形态，优先布置各类公共服务设施，支持有活力的滨水特色产业发展，挖掘城市水文化精神价值，将实现经济、文化、社会等多重价值的共赢。湖北荆州拥有长江径流里程483千米，是长江中下游地区径流里程最长的城市。荆江“九曲回肠”，史称“万里长江，险在荆江”。开展流域综合治理以来，荆州全力以赴打造“美在荆江”。率先启动沙市洋码头项目，拆迁棚户1658户、工矿企业63家，园区绿化面积73%，所有污水接入城区污水处理厂。这里已成为荆州文旅胜地和游客打卡地。文创园里展示的昔日沙市中山路记忆犹新，老天宝、老同震、老万年等老字号让人备感亲切，新风祥、好公道等品牌耳熟能详，毛家巷、觉楼街、巡司巷等老街巷勾起人们的深沉记忆。漫步文创园，满眼是历史，周遭是文化，沙市洋码头已成为爱国主义教育基地。“美在荆江”重在去污增绿，保持旧风貌，开辟新领域，本着修旧如旧的原则，荆江段沿岸的历史建筑和工业遗址得以保留，集文化展示、创意工坊、旅游休闲、滨江观光等多业态于一体的园区正式亮相。及时修复活力28厂、打包厂、白云机电等老厂房，潮玩、美食、灯光秀、滨江露营、星光帐篷集市等新潮活动，吸引了众多年轻人和游客。

三、以跨江融合发展为着力点，加快提升沿江大中城市能级

城市初期由于实力有限，多在江河一侧发展，当城市实力达到较强的程度时，江河不再是制约因素，跨江成为必然。从沿江到跨江发展是城市能级的跨越，跨江城市是“鱼骨形城市”，沿江城市是“梳形城市”，显然前者更富有

活力。发挥武汉和重庆跨长江、杭州跨钱塘江、长沙跨湘江、南昌跨赣江、襄阳跨汉江发展的示范作用，巩固和提升宜昌、十堰跨江发展成果。荆州跨江发展条件较好，党中央国务院出台的《关于新时代推动中部地区高质量发展的意见》明确要求安徽芜湖、湖北荆州“跨长江发展”，要坚决落实；荆门应以沿江高铁建设为契机，与钟祥城区相向发展，打造跨汉江的“荆钟组合城市”。

2000 年，芜湖长江一桥建成通车，成千上万的市民欢呼雀跃，芜湖人“大桥梦圆”；20 年后，集公路、铁路为一体的长江三桥建成通车，再次让芜湖人“高铁梦圆”。随着三桥的建成通车，芜湖已有 4 座跨江通道（含铜陵长江大桥）。还有一座城南跨江隧道正在建设中，建成通车后，驾车过江仅需 5 分钟，届时将大幅提高芜湖市跨江交通能力，对加速江北地区发展，促进芜湖省域副中心建设，加快安徽省长江两岸经济社会发展和长三角一体化发展具有重要意义。随着跨江通道的不断建成和通车，芜湖原本临江带状的城市框架不断舒展扩张，日益发展为跨江组团发展的区域中心城市。

四、巩固港口航运跨区域整合成果，推动都市圈城市群融合发展

2023 年 5 月世界银行和标普全球市场财智共同联手发布全球港口绩效排行榜，上海洋山港在全球 348 个集装箱港口中脱颖而出，位列第一。排名从 2021 年全球第四上升到榜首。然而，这么一个全球最大的港口，土地却是从浙江租过来的。洋山港区建在大洋山岛和小洋山岛等十余个岛屿上，这里属于浙江省舟山市的嵊泗县。嵊泗县位于舟山群岛的最北部，是个海岛县，由 404 个岛屿组成。现在洋山群岛已由过去一个没有任何工业基础的小岛变成现代化的繁华市镇，并有一条双向 6 车道的公路和上海市区相连，到市区时间需 20 分钟左右。目前洋山港的交通设施以及行政事务由浙江省负责，港口管理和运营由上海市负责，并称为“上海洋山港”。洋山港作为海域的船舶调度、领航、拖船等经济活动都由浙江省负责。洋山港的建设使浙江省和上海市都得到了发展，实现了共赢。这是长三角城市群一体化、上海都市圈发展的生动写照。

同样的“剧情”在长江中游也上演了。2021 年 5 月，湖北全省港口资源整合运营平台——“湖北港口集团有限公司”成立，发起股东为武汉、鄂州、黄冈、黄石、咸宁 5 市国资委，这为以武鄂黄黄为核心的武汉都市圈发展创造了更好的交通物流条件。到 2022 年 8 月，湖北港口集团有限公司已初步形成全省港口“规划一体化、建设一体化、管理一体化、运营一体化”的发展模

式。还应加大与襄阳、宜昌、荆州、荆门等港口的合作，进一步促进襄阳都市圈、宜荆荆都市圈的发展。湖北还要与湖南、江西携手，以三省联合建立的长江中游航运中心港航联盟为基础，巩固和提升港口航运跨区域对接融合成果，进一步畅通武汉新港—岳阳港—九江港—南昌港之间物流通道，以港口群一体化促进城市群一体化。

第四节　以流域综合治理推动农业现代化发展

无论是长江干流还是支流，所流经的区域绝大部分是农村。流域综合治理对农业农村具有十分重大的影响。

一、开展水土流失综合治理，改善农业农村发展基本条件

水土流失综合治理在全流域都非常重要，而长江上游地区则是重中之重。以贵州省为例。近年来，以实施生态治理工程为抓手推动自然水土流失综合治理，以深化“放管服”改革为抓手推动人为水土流失防治，以水土保持信息化、水土保持监测和水土保持目标责任考核为抓手夯实水土保持基础工作，全省水土流失状况持续好转，水土流失实现面积和强度“双下降”，水土保持率逐年提升。“十三五”以来，全省通过实施国家水土保持重点工程、退耕还林、高标准农田等工程治理水土流失 1.98 万平方千米。①

目前已制定《贵州省水土保持规划（2016—2030 年）》《贵州省水土保持“十四五”规划》《贵州省水土保持委员会工作规则》《贵州省水土保持委员会办公室工作职责》，明确省水土保持委员会委员单位水土流失防治职责和目标任务，构建起党委领导、政府负责、部门协同、全社会共同参与的水土保持工作格局。

近年来，在习近平生态文明思想和习近平总书记视察贵州重要讲话精神的指引下，贵州以促进生态系统良性循环和永续利用为目标，统筹推进山水林田湖草沙一体化保护和修复，积极探索、勇于实践，涌现出一批生态、经济和社会效益比较显著的案例。这些案例兼顾生态系统类型的多样性、生态问题的典型性、修复手段和方法的综合性，体现出山水林田湖草沙系统修复、综合治理。

① 尚宇杰．守护一方山水 养育一方人民｜来自贵州的水土治理报告［EB/OL］．贵州日报天眼新闻，2023-09-11.

二、统筹水资源利用，贯穿现代农业发展各个环节

长江流域各省市统筹水安全设施和水资源利用，加大农村水利建设投入，着力构建科学高效的水资源制度管理体系，推动现代农业发展。《中华人民共和国国民经济和社会发展第十四个五年规划和2035年远景目标纲要》提出，实施大型灌区续建配套和现代化改造。在人多地少水缺矛盾加剧、全球气候变化影响加大的形势下，尤其要下大力气开展大型灌区现代化建设与改造。

2022年江西省加快灌区建设改造，积极推动中型灌区改造先行实施，5个大型灌区、28个中型灌区续建配套改造项目，顺利完成年度任务，新增改善灌溉面积185万亩，灌区保障国家粮食安全能力持续增强。梅江灌区创造了重大水利工程前期工作新速度，全面开工建设。据介绍，梅江灌区工程项目总投资43.8亿元，已完成投资2.21亿元。2023年计划完成投资16亿元，已完成投资0.4亿元，完成率2.5%。项目建成后可新增、恢复和改善灌溉面积58万亩，提高灌区农业综合生产能力、改善城乡供水条件。此外，大坳灌区也开工建设。大坳灌区总投资26.97亿元，通过建设大坳灌区，可新增灌溉面积10.84万亩，改善灌溉面积22.22万亩，对充分发挥大坳水利枢纽的综合效益，解决灌区内农村人饮和农田灌溉用水，提高农民收入和生活水平，促进区域经济发展具有重要作用。① 2023年9月20日，为谱写中国式现代化江西篇章提供有力水安全保障新闻发布会在南昌召开。会上宣布："2022年全省水利投资创历史新高""1664座病险水库除险加固五年任务三年完成"。②

长江流域其他省市也要像江西一样，增强灌排功能，提高用水效率，改善农业生产条件，为现代农业发展提供生态安全保障能力和高效发展支撑能力。要全面实施农村供水保障提升工程，进一步提高供水水质、保证率和集约化水平。推进农村供水老旧管网更新改造、环状管网建设、水源地达标建设、水质监测和监管能力建设。加快推进农村生态河道与生态清洁小流域建设，美化乡村环境。要坚持以水而定、量水而行、合理分水和管住用水同步发力，统筹推进农村水资源节约与经济社会高质量发展，积极推广滴灌、管灌等高效节水灌

---

① 高译丹．开好局起好步！江西加快推进水利工程建设［N］．江南都市报，2023-09-20.

② 高译丹．五年任务三年完成！江西完成现有1664座病险水库除险加固工作［N］．江南都市报，2023-09-20.

溉技术，初步建立与水资源状况相适应的高效节水型农业结构，形成合理用水、协调发展的现代农业发展新格局。

三、打造优质涉水产品品牌，积极培育农业竞争力

长江十年禁渔之后，沿江省市渔业发展怎么办？重庆、湖北等地都在积极探索打造优质涉水产品品牌，提高产品附加值和市场竞争力。

为了缓解渔业发展与青山绿水之间的矛盾，重庆市积极行动，鼓励在湖泊水库发展不投饵滤食性、草食性鱼类养殖，实现以渔控草、以渔抑藻、以渔净水。2019 年 10 月，该市农业农村委等 10 部门印发了《关于加快水产业绿色发展的若干措施》，在科学布局、生态健康养殖、改善养殖环境、生产监管等方面进行责任强化，确保各地各部门进一步统筹谋划推进水产养殖业绿色发展的工作措施，更好地保障优质蛋白资源供给，降低天然水域水生生物资源利用强度，促进渔业产业兴旺和渔民生活富裕。2021 年 7 月 28 日，重庆市政府 150 次常务会明确指出：要大力发展水库生态渔业，推广绿色养殖模式，为市民提供高品质水产品。

重庆水投集团作为重庆水库生态养鱼的主体实施单位，积极落实市政府“水库水环境治理、创新水资源综合利用、生态水产品菜篮子工程”三大功能定位，创建“渝湖牌水库鱼”品牌，不但部分解决了重庆淡水水产品缺口，还成为国家绿色认证、有机认证、无抗认证标准“三标合一”的中国淡水鱼质量品牌，成为重庆高端菜篮子（水产品）的代表。2021 年，市水投集团有 70 余座水库在净水养鱼，规划到 2025 年有 100 座约 1. 47 万公顷水面，带动各区县另外 100 余座水库约 1. 2 万公顷水面，都养殖“渝湖牌水库鱼”。届时，“渝湖牌水库鱼”可在生态效益方面，促进水库水质持续稳定向好；在社会效益方面，力争创造 5 万个以上的就业岗位；实现年度产销量 2000 万千克优质水库鱼的目标，满足山城人民对美好生活的向往、对“绿色、安全、生态”水产品的需求。① 由此可见，长江“十年禁渔”是流域综合治理的重要举措，对重庆渔业来说既是挑战也是机遇。以重庆水投集团“渝湖牌水库鱼”为代表的水库渔业率先创新、绿色发展，将有效带动重庆渔业全面持续发展，与“青山绿水”相得益彰，焕发出新的生机与活力。

农业大省湖北充分利用沿江地区水资源丰富的优势，形成全国性的“三

---

① 刘淳．乡村振兴看重庆丨水库生态养鱼推动渔民华丽转型［EB/OL］．央广网，2022-01-20.

水”（水稻、水产、水禽）生产与加工基地，维护国家农产品与粮食安全。优质水稻重点建设江汉平原优质籼粳稻区，鄂东南丘陵低山名特优和高档优质稻区。优质水产品大力发展平原湖区规模养殖区与大水面生态增殖区，在鄂东南建设沿长江特色水产品养殖区。特色水禽养殖业重点建设江汉平原腹地水禽产区与湖北省种禽场；以荆江鸭为核心，在荆州建立水禽养殖和禽蛋加工基地；以阳新番鸭育种中心为龙头，建设番鸭养殖和加工基地。

第六章　长江上游主要支流流域综合治理

长江干流宜昌以上为上游段，上游段主要支流有嘉陵江、赤水河、乌江、雅砻江、岷江、沱江等。长江上游干支流流域覆盖面积宽广，涉及青海、西藏、四川、云南、重庆、贵州、甘肃、陕西等多个省区市，是我国西部大开发的重要地区。抓好长江流域生态保护和环境治理，上游责任重大，本章重点介绍长江上游主要支流嘉陵江、赤水河和乌江的流域综合治理情况。

第一节　嘉陵江流域综合治理

嘉陵江属于长江上游支流，干流全长 1345 千米，流经陕西省、甘肃省、四川省和重庆市，干流流域总面积达到 3.92 万平方千米（见图 6-1），是长江支流中流域面积最大，长度和流量第二的支流①。近年来，嘉陵江流域各省市在跨省流域综合治理联防联控、建立健全生态补偿机制以及着力推动嘉陵江流域绿色高质量发展等方面不断努力，将嘉陵江流域综合治理工作走深走实。

一、落实跨省流域综合治理联防联控机制

强化跨省流域水污染联防联控。为了共同防范和应对跨省的水污染事件，切实保障嘉陵江水生态环境安全，嘉陵江流域各省市签订了各类合作协议和联防联控框架协议。2021 年 4 月，陕西、甘肃和四川共同召开了陕甘川嘉陵江流域跨界水污染防治联防联控工作座谈会，四川广元、陕西汉中、甘肃陇南三市签订了《嘉陵江流域跨界水污染防治联防联控框架协议》，以责任共担、目标共达、问题共商、信息共享的基本原则，共同防范宝鸡、汉中和陇南三市跨界流域水污染问题。建立“两江共治、三地同盟”跨界流域水污染防治联防联控机制，注重流域上下游、干支流、左右岸统筹谋划，坚持山水林田湖草综

① https：//baike. baidu. com/item/%E5%98%89%E9%99%B5%E6%B1%9F/627569?fr=ge_ala.

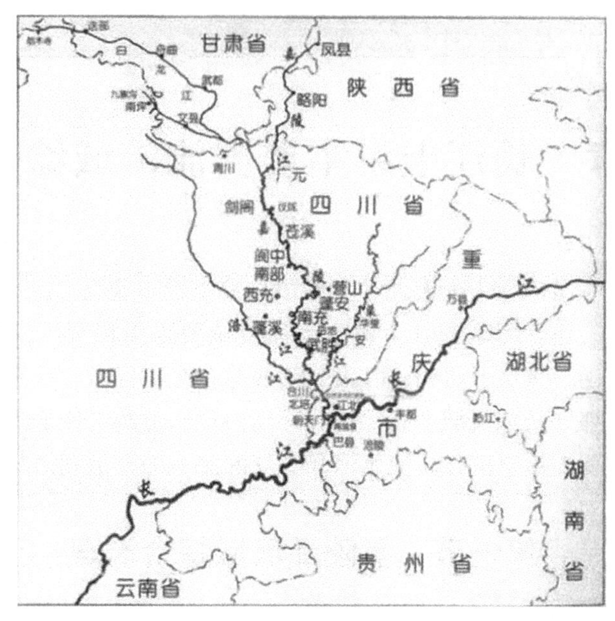

图 6-1　嘉陵江水系图

合治理、系统治理、源头治理，密切协同协作，实施联防联控，促进流域生态文明建设迈上新台阶①。四川和重庆两地为进一步落实联防联控机制，两地共同签订了《川渝跨界河流联防联控合作协议》《深化川渝两地水生态环境共建共保协议》，发布了《川渝跨界河流管理保护联合宣言》等，在全国首创成立跨省河长制联合推进办公室，建立联合巡河、联合执法等联防联控机制，推动跨界流域水质不断改善。2022 年 1 月，四川、重庆两省市同时施行《四川省嘉陵江流域生态环境保护条例》和《重庆市人民代表大会常务委员会关于加强嘉陵江流域水生态环境协同保护的决定》，在规划管理、自然保护、饮用水源、污染防治、绿色发展、区域协作等方面作出了细致的规定。川渝通过上下联动、两岸联动、社会联动“三责联动”，进一步完善河流协同治理长效机制。共同编制“一河一策”精准治理方案，分区域、分行业、分流域对流域沿岸城镇和农村的生态环境问题展开全覆盖排查，全面梳理问题清单，共同建立台账，明确整改责任、整改时限，相互督促问题整改，定期通报整改成效，

① 四川省生态环境厅对省政协十二届五次会议第 0104 号提案答复的函［EB/OL］. 四川省人民政府网，2022-06-24.

构建嘉陵江“系统治理”框架①。

推进各级河湖长工作常态化。进一步落实各级河湖长责任，壮大嘉陵江流域巡河、管河、治河、护河队伍，形成党政主导、水利牵头、部门联动、社会共治的河湖管理保护新局面。统筹区域经济社会发展需求、流域水资源条件与承载能力，强化流域水资源管控和水资源刚性约束，定期开展联合巡河、执法、巡查，互通共享基本信息，逐步实现“全域治”“合力管”。协同清理整治跨界中小河流和乡村河湖“四乱”（乱占、乱采、乱堆、乱建）问题，严防突发水污染事件，强化地下水超采治理，推进水土流失综合防治，保障河湖生态流量②。四川和重庆互派干部、组建川渝河长制联合推进办公室。川渝联合绘制 81 条跨界河流水系图，形成上下游数据联动，为河长巡河查河治河提供决策辅助。2023 年 9 月，陕西汉中、四川广元和甘肃陇南三市决定建立嘉陵江流域跨界河湖联合河湖长制，共同推进跨界河湖在联合巡查、联合执法、系统治理、应急处置和信息共享等方面的合作，实现跨界河湖边界区域监管无盲区、全覆盖，全面推进区域河湖长制工作提档升级。联合河湖长制工作范围以陕甘川三省跨界流域面积 50 平方千米以上的嘉陵江等 17 条河流为主。联合河湖长制采取“共聘”或“互聘”形式，聘请上下游、左右岸相关方的河湖长为跨界河湖河湖长。联合河湖长制的重点任务包括，设立联合河湖长制公示牌、召开专题会议、开展联合巡查和联合执法，加强河湖长制、生态敏感区、水量水质监测等基础信息和专项信息，以及规划计划信息共享，切实做好协同治理保护。不断健全跨界河流突发水污染事件联防联控机制，督促相关部门和县（区）加强重大突发水污染应急事件通报和协同处置③。

二、建立嘉陵江流域横向生态补偿制度

嘉陵江流域横向生态保护补偿。2019 年 12 月嘉陵江流域 10 市（州）签订《嘉陵江流域横向生态保护补偿协议》《嘉陵江流域横向生态保护补偿实施方案》（以下简称《实施方案》），建立起四川省嘉陵江流域（包括嘉陵江干流、渠江、涪江）横向生态保护补偿机制。《实施方案》提出，对四川省与相关省（市）签订补偿协议、建立跨省流域横向生态保护补偿机制的和省内同

① 筑牢川渝生态屏障　共绘巴蜀绿水青山［EB/OL］. 新华网，2023-10-07.

② 陕甘川携手共建幸福嘉陵江［N］. 中国水利报，2023-09-20.

③ 陕甘川三省建立嘉陵江流域跨界河湖联合河湖长制［EB/OL］. 中国水利网，2023-09-08.

一流域上下游所有市（州）协商签订补偿协议、建立起流域横向生态保护补偿机制的，给予资金奖励，奖励资金采取先预拨、后清算的模式，资金安排与绩效评价结果挂钩。对建立起补偿机制的市（州），根据流域生态环境功能重要性、保护治理难度、补偿力度等因素分年确定财政预拨资金奖励额度。预拨资金用于流域保护和治理。根据签订的流域横向生态保护补偿协议，水质水量等达到考核目标的市（州）全额享受预拨资金；部分达到目标的市（州），根据水质水量等折算享受预拨资金的额度，适当扣减预拨资金；完全未达到目标的市（州），全部扣减预拨资金。扣减的预拨资金继续用于下一年度的奖励①。采取资金筹集、分配和清算的模式，每年由流域所在 10 市（州）依据上年对流域生态环境的需求和压力状况共同筹集 3 亿元，并依据上年对流域生态环境保护的贡献和工作绩效情况进行资金分配，次年根据各市（州）补偿目标完成情况开展资金清算。该机制的建立，充分体现了“保护者得偿、受益者补偿、损害者赔偿”的政策导向，搭建起了流域上下游全面覆盖、上下联动、合作共治、权责对等的合作平台。

各省市流域横向生态保护补偿。2022 年 1 月，四川省开始施行《四川省嘉陵江流域生态环境保护条例》，规定省人民政府推动与相邻省、直辖市人民政府建立和完善横向生态保护补偿制度，积极推进资金补偿、产业协作、人才培训、共建园区等生态保护补偿方式，将跨界断面水质、生态流量管控指标、生态用水水量等要素目标完成情况作为省级人民政府之间生态保护补偿的依据。嘉陵江流域县级以上地方人民政府应当建立健全嘉陵江流域生态保护补偿机制，鼓励探索建立市场化、多元化、可持续的嘉陵江流域生态保护补偿制度。

三、落实嘉陵江尾矿库治理工作

嘉陵江上游横跨陕西、甘肃的西秦岭区域是我国主要的铅锌矿产区之一，30 余年开发形成了大量尾矿库，到 2018 年时，嘉陵江上游陕甘两地共有 200 余座尾矿库，主要分布于甘肃陇南市和陕西汉中市②。为认真贯彻落实习近平总书记在深入推动长江经济带发展座谈会上的讲话精神，切实提高嘉陵江流域

① 四川印发实施《四川省流域横向生态保护补偿奖励政策实施方案》［EB/OL］. 中华人民共和国生态环境部网站，2019-07-11.

② 透视嘉陵江跨境污染之痛：上游 200 余座尾矿库成隐患［EB/OL］. 环球网，2018-03-30.

尾矿库安全保障能力、风险监测能力和应急处置能力，全面落实国家三部委关于嘉陵江上游尾矿库治理总体要求，一体推进尾矿库条件准入、安全生产、环境保护等综合治理，陕西、四川、甘肃等地进一步落实了嘉陵江尾矿库治理工作。

陕西省推出“一库一策”整治方案。陕西省应急管理厅在报批《陕西省嘉陵江上游尾矿库治理实施方案》后，下发《陕西省应急管理厅关于抓紧实施嘉陵江流域尾矿库“一库一策”整改治理工作的通知》，启动了嘉陵江尾矿库治理，并提出了以下要求：一是嘉陵江流域尾矿库整治必须严格执行建设项目安全设施“三同时”管理各项规定。三等及以上尾矿库安全设施设计必须由甲级资质单位设计；四等、五等尾矿库安全设施设计必须由乙级以上资质单位设计，同时要求设计单位必须有符合规定要求的从业人员。二是尾矿库整治必须高标准、严要求全面贯彻落实实施方案各项要求，全面落实尾矿库坝体、防洪、排渗、监测、施工、周边环境和隐患处置等规定，确保安全生产①。

四川省精细化管控尾矿库。四川省共有尾矿库 192 座，集中分布于凉山、攀枝花等地，存在堆存量大、利用不足、风险高，防治措施不到位，监管与应急体系有待完善等问题。为此，四川省提出如下举措：一是分区分类，促进精细化管控。根据尾矿库分布区域，重点管控攀西地区，对存在重大隐患且无法达到整改要求的尾矿库实施闭库；对甘孜、阿坝、乐山、巴中、达州、广源、绵阳、雅安、宜宾等 9 市州实施一般管控，推动跨区域尾矿库共建共享；严格成都、眉山、南充、广安、遂宁、资阳、内江、泸州、自贡、德阳等 10 市（州）无尾矿库区生态环境准入。按照不同环境监管等级落实差异化管理。二是协同监管，防范环境安全风险。强化运行期尾矿库环境污染与安全事故隐患排查治理，以“尾矿库-小流域”为单元，开展环境监测和土壤环境风险评价，对存在隐患的尾矿库实施“一库一策”治理。借鉴攀枝花尾矿库“库长制”管理经验，建立“总库长—流域库长—行政库长—企业库长—技术库长”五级库长制度，推动环境与安全在线监测、应急协同等联动。三是资源利用，提升社会与经济效益。加快尾矿高效利用，根据尾矿库矿种类型，借鉴攀西钒钛磁铁矿回收经验，稳步推进铁矿、钒钛磁铁矿、铜矿、铅锌矿等矿种有价组分及共伴生元素高效提取，探索铁矿、硫铁矿、铜矿等尾矿资源整体用于高附加

① 陕西省应急管理厅持续推进嘉陵江流域尾矿库“一库一策”整治［EB/OL］. 陕西省应急管理厅网站，2021-02-02.

值产品研发与应用；加快推动尾矿库复垦，鼓励尾矿库生态重建及价值转化①。

甘肃省纵深推进尾矿库隐患排查整改工作。甘肃省印发了《关于开展内陆河流域尾矿库环境风险隐患排查工作的通知》《甘肃省 2023 年度尾矿库污染隐患排查治理工作方案》等，对尾矿库的建设、运行以及管理等进行了严格的规定，对全省重点尾矿库污染隐患开展全面排查，对尾矿库存在的环境风险隐患督促整改。印发《甘肃省尾矿库环境监管清单动态调整工作方案（试行）》，建立尾矿库分类分级监管清单动态调整机制。

四、推动流域绿色高质量发展

完善流域生态环境保护有关制度。加强信息合作，相邻省市间生态环境部门建立健全检测网络体系和水环境质量监测数据共享机制，统一规划、设置水环境质量监测站（点），开展水环境质量监测，定期发布水环境状况信息。建立联合执法检查机制，统一执法程序、裁量基准和处罚标准，联合开展行政执法；建立生态环境违法行为相互告知制度，及时通报违法行为处理情况。加强行政执法与刑事司法衔接工作，协同办理侵害嘉陵江流域生态环境的跨界案件。

推动绿色生态经济带建设。严格落实《四川省、重庆市长江经济带发展负面清单实施细则》等要求，推进嘉陵江绿色生态经济带建设，坚决守住嘉陵江干流、重要支流“1 千米”防线。要以更快步伐推动绿色发展，着力构建绿色低碳优势产业体系，大力培育高新技术企业、科技型中小企业，高水平建设综合立体交通走廊，提升开放平台质效，推动形成绿色低碳的生产生活方式。同时，嘉陵江流域沿江城市通过建设绿色走廊，形成绿色经济示范带，并加强沿江城市基础设施建设，为融入成渝地区双城经济圈建设赋能，进一步强化区域中心城市功能，使流域成为四川乃至西部地区新的经济增长极。依托嘉陵江流域厚重的人文历史以及丰富的红色资源，加快推进文旅融合发展，将流域发展与乡村振兴有机地结合起来，推动乡村振兴②。

---

① 田梦莎，郑勇军．四川防范尾矿库污染及环境风险的思考［N］．中国环境报，2023-07-05.

② 共建嘉陵江流域绿色走廊，推动生态与经济双翼齐飞［EB/OL］．政协联线，2021-04-12.

第二节　赤水河流域综合治理

赤水河，即赤水，为长江上游支流，地处云、贵、川三省接壤地区，因河流含沙量高、水色赤黄而得名（见图 6-2）。发源于云南省镇雄县场坝镇豆戛寨山箐，上游称鱼洞河，东流至三省交界处的梯子岩，水量增大，经贵州省毕节市的七星关区、金沙县与四川省叙永县、古蔺县边界，进入仁怀市、习水县、赤水市，至四川省合江县入长江。

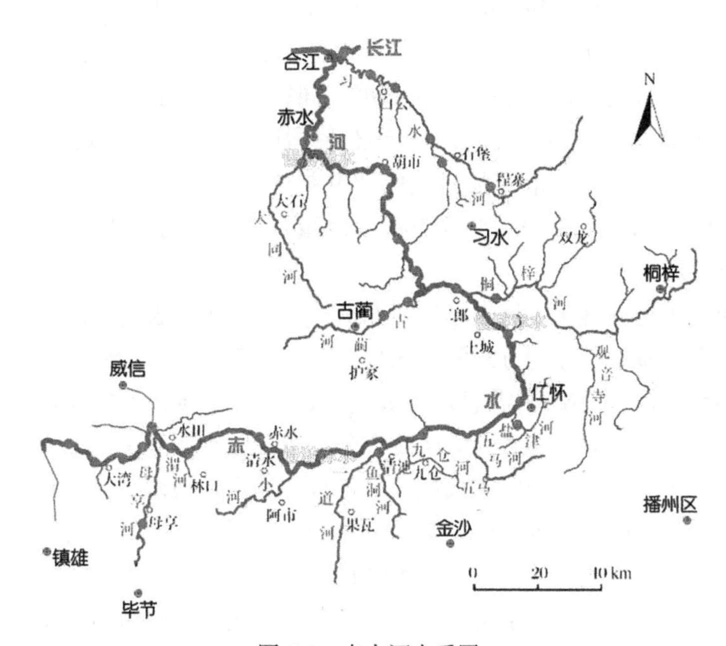

图 6-2　赤水河水系图

一、三省联动推进赤水河流域综合治理

率先建立跨省生态补偿机制。云、贵、川三省在长江流域率先建立第一个跨省生态补偿机制，赤水河流域生态保护和环境治理取得积极成效。贵州省在总结省内流域生态保护补偿成功经验的基础上，组织研究起草了《赤水河流域横向生态保护补偿方案》，提出三省共治赤水河的倡议。2018 年 2 月，云、贵、川三省人民政府达成共识，共同签署《赤水河流域横向生态保护补偿协议》，三省按照 1∶5∶4 的比例共同出资 2 亿元设立赤水河流域横向生态保护

补偿资金，根据赤水河干流及主要支流水质情况界定三省责任，按 3∶4∶3 的比例清算资金。2018 年 12 月，三省生态环境、财政部门共同印发实施《赤水河流域横向生态保护补偿实施方案》。云南省印发《建立赤水河流域云南省内生态保护补偿机制实施方案》，加快推动赤水河流域生态保护补偿工作落地，昭通市负责云南省内赤水河生态保护补偿工作具体实施，印发实施《赤水河流域（云南段）生态环境保护与治理规划（2018—2030 年）》。四川省出台《四川省赤水河流域横向生态保护补偿实施方案》，确定了省、市、县三级共同筹集资金，市、县两级均享受资金分配权，共同承担生态环境保护责任的模式。通过建立联防联控和环境信息共享机制，强化联合查处和打击，实行流域上下游环评会商及环境污染应急联动，促进三省间赤水河流域保护沟通协调，形成赤水河流域上下游同决策、同部署、同行动。同时，三省还建立了“合作共治、区域协作”工作机制，每年召开一次轮值会议，共同研究探讨赤水河流域环境保护工作，落实长江流域“共抓大保护、不搞大开发”战略，共推“生态建设、环境保护、产业发展、区域合作”任务，保障赤水河流域健康、绿色发展①。

共同立法贯彻落实流域生态环境保护修复。由于各省行政区域内的流域功能定位、产业布局、保护方式和执法标准等存在差异，“分河而治”带来的流域管理难题还较为突出，需要以系统观念和法治思维推进共同保护。2021 年 5 月，云南、贵州、四川三省人大常委会分别审议并全票通过了关于加强赤水河流域共同保护的决定，同时审议通过了各自的赤水河流域保护条例，于 7 月 1 日同步实施，开启了三省共同立法保护赤水河流域工作的新局面。三省在立法工作中以赤水河全流域保护一盘棋的战略思维，从流域综合治理、系统治理、依法治理的角度，聚焦上下游、左右岸、干支流之间产业布局、发展需求、环境准入、污水排放标准、环境监管执法等不一致带来的难点焦点问题，着力于跨行政区域的协调配合、联防联控，以系统性思维和法治观念完善三省协同保护机制，形成上下游联动、干支流统筹、左右岸合力，推动省际跨区域生态环境保护共同治理，构建赤水河流域共抓大保护新格局。三省共同立法细化衔接《长江保护法》的有关规定，坚持系统观念，突出水资源、水环境、水生态的协同治理，山水林田湖草沙一体化保护和修复，切实维护流域生态系统原真性和完整性，为依法加强赤水河流域综合治理、系统治理、源头治理提供

① 上中下游共享赤水河“红利”[EB/OL]. 四川新闻网，2021-02-25.

法治保障①。

打造赤水河流域数字生态协同发展经济带。一是推动赤水河流域沿岸跨省份、跨经济圈的全面数字化合作，探索将赤水河流域数字生态经济发展融入粤港澳大湾区、长江经济带、成渝地区双城经济圈，构建赤水河流域数字生态协同发展经济带。二是构建赤水河流域生态环境数字化协同机制，包括建立生态环境补偿、生态环境损害赔偿、生态环境治理、生态资源开发等方面的协同机制。三是建立赤水河流域生态资源数字化协同出山制度，建立生态茶叶、生态果蔬、生态畜牧业、生态中药材等生态农产品协同交易制度；建立高岭土、铀矿、磷块岩等特色稀有矿产资源的协同“富矿精开”制度；以白酒产业合作为契机，建立赤水河流域水资源市场交易数字化的协同开发制度②。

二、切实提升流域治理水平

建立河长制流域管理信息系统。赤水河发源于云南省镇雄县。作为保护赤水河流域生态环境工作的第一站，镇雄县公安机关近年来切实扛牢源头保护责任，深耕“生态警务”，守护赤水河源头。镇雄县公安局优化党建引领机制，坚持“派出所+环食药侦”党支部结对共建，“派出所+乡镇站、所及村”党支部互助联建，构建“警长+河长”“公安+部门”的保护体系。联合开展巡护主题党日宣传活动，形成“党建+生态”交汇融合、双向提升的良好格局，做到以“党建红”引领“生态绿”。镇雄县公安局构建“主防”管控网，围绕非法捕捞、非法采矿、污染环境及涉野生动植物私挖乱采滥捕乱杀等问题，结合“河湖警长制”“森林警长制”要求，强化生态环境资源风险隐患排查整治③。

整改生态环境突出问题。赤水河流经三省，蜿蜒500余千米，是长江上游重要生态屏障。为进一步强化三省交界重点流域协同监管，赤水河流域省市展开联合交叉执法检查，对赤水河流域生态环境突出问题整改情况开展“回头看”，重点针对排污口、重点排污企业、生活污水处理、生活垃圾收集处理等问题。为提升检查成效，强化结果运用，坚持问题导向，滇川黔三省省、市、县级生态环境部门，对跨省执法检查交办的问题，主动认领，积极跟踪整改到位。

① 刘华东．我国首个地方流域共同立法来了［N］．光明日报，2021-06-20.

② 宋艳丽．构建赤水河流域数字经济新生态［N］．贵阳日报，2023-10-11.

③ 镇雄．深耕“生态警务”　守护赤水源头［N］．人民公安报，2023-10-09.

深化赤水河流域生态保护。2022 年，贵州省发布了《贵州省深化赤水河流域生态保护专项行动方案》，方案提出了深化工业污染防治、深化城镇环保基础设施建设、深化农业面源污染防治、深化水生态治理修复、推进生态示范建设、深化区域联动合作保护等方面的重点任务①。其中深化工业污染防治主要包括深化白酒行业污染治理、深化煤炭企业污染治理、深化开发区废水污染治理和推进入河排污口排查整治。深化城镇环保基础设施建设主要有推进城市生活污水收集管网建设、推进生活垃圾收集处置、强化养殖污染防治等内容。深化水生态治理修复则主要从加强珍稀特有鱼类保护、加强水土流失治理、加强石漠化治理、加强矿山矿井生态修复治理和加强生态流量管控等方面展开。2021 年 7 月，四川省实施了《四川省赤水河流域保护条例》，坚持生态优先、绿色发展、共抓大保护、不搞大开发，针对四川省泸州市合江县、叙永县、古蔺县行政区域内赤水河干流及其支流形成的集水区域，对规划与管控、资源与生态环境保护、水污染防治、绿色发展、文化保护与传承、区域协作等方面的工作作出了具体的规定。云南省编制了《赤水河流域（云南段）保护治理与绿色高质量发展规划》，重点谋划污水治理、生态修复、绿色发展等 6 大类 101 个项目，为有效推进流域保护治理和绿色高质量发展奠定了坚实基础②。

三、探索生态产品价值实现路径

贵州依托大数据资源优势构建生态产品价值实现机制。主要做法是绘制生态产品数字地图，对赤水河流域现有的生态产品全面摸底，实现精准调查监测，精准经营开发；建立生态产品数字化核算体系，运用数字技术赋能赤水河流域生态产品的 GEP 核算过程，建立以 GEP 核算为核心的数字化生态产品价值评价核算体系；打造生态产品数字超市，依托 RCEP 政策将赤水河流域生态产品的销售范围拓展至东盟地区，运用区块链技术，为生态产品贴上独具赤水河元素的“二维码”“智慧芯”，通过智能合约等数字交易技术，实现生态产品批量化、规模化交易，提高赤水河流域生态产品价值实现的效率；建立生态产品数字宣传体系，搭建网络直播带货、微信公众号、自媒体直播平台等多渠道于一体的生态产品数字化宣传平台，建立专业化数字宣传制度，打造数字化宣传专业团队，实现数字化体系化宣传效应。与此同时，着力构建依托生态资

---

① 贵州省深化赤水河流域生态保护专项行动方案［EB/OL］. 贵州省人民政府网，2022-10-12.

② 云南扎实推进赤水河生态保护治理［N］. 云南日报，2022-03-15.

源优势的数字金融体系。一是扩大绿色金融业务的发展规模，特别是扩大赤水河流域已有的“林权抵押贷”“竹链贷”“竹林碳汇产业贷”“竹林碳票”等绿色信贷产品的规模。二是探索生态产品融资新渠道，发挥绿色金融产品的普惠金融功能，推广碳汇产品抵押、质押等绿色贷款综合授信业务，探索发行地方政府绿色债券，为生态产品价值实现提供金融保障。三是成立生态产品数字银行，开发多样化数字生态金融产品，当生态产品估值达到规模要求时，通过数字银行集中授信，缩短融资周期，实现存入绿水青山，取出金山银山的生态经济发展红利①。

云南围绕当地资源优势，积极打造绿色产业、红色产业和白色产业。绿色产业初步形成以粮食、竹子、猕猴桃、魔芋、生猪、肉牛、果蔬、中药材等为主的高原特色农业，以及农产品深加工等为主的工业。威信依托丰富的红色文化资源和独特的自然生态条件，红色旅游逐渐发展。威信、镇雄两县立足赤水之源的优势，积极打造白酒产业，威信县云曲酒厂生产的云曲酒、扎西故事酒等逐步赢得市场的认可，镇雄县云赤酒业生产的云赤玉液等也有一定的市场影响②。

四川省以“倒逼”机制助力生态产品价值实现。四川省古蔺县以生态产业化、产业生态化为方向，建立特色产业生态链，推动经济社会发展和生态环境保护协调统一、协同增效。将四渡赤水旧址等红色文化资源与教育培训、乡村振兴和旅游发展相结合，开发、推广具有红色文化特色的旅游产品、旅游线路和旅游服务等，拓展了生态文明建设的深度和广度。积极致力于构建生态产品价值核算体系、生态产品价格体系、生态产品交易体系及政策保障体系，以“倒逼”机制为生态产品价值实现提供更多可能，力争打造更多品质上乘的“拳头”产品，并以此实现生态环境保护与经济社会协同发展，着力打造赤水河流域生态产品价值实现示范区建设的典范。

第三节　乌江流域综合治理

乌江，长江上游支流，又称黔江。发源于贵州省威宁县香炉山花鱼洞，流经黔北及渝东南，在重庆市涪陵区注入长江，干流全长 1037 千米，流域面积

① 宋艳丽．构建赤水河流域数字经济新生态［N］．贵阳日报，2023-10-11.

② 李志．赤水河流域（云南段）如何实现绿色高质量发展？［N］．昭通日报，2023-08-25.

8.792 万平方千米（见图 6-3）。六冲河汇口以上为上游，汇口至思南为中游，思南以下为下游。

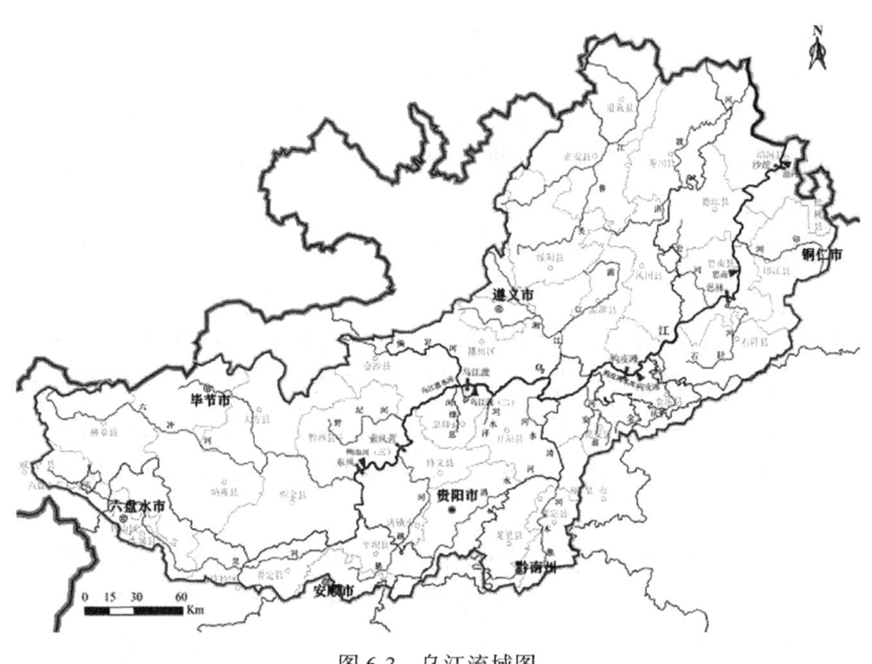

图 6-3　乌江流域图

一、合力推进乌江航运发展

贵州、四川、云南、陕西、重庆五省市签订了《关于共同推进长江上游地区航运高质量发展战略合作协议》，共同推动长江上游地区航运顺畅发展，加快白马航运枢纽建设和彭水、沙沱、思林通航设施扩能改造，建立乌江全线梯级通航设施船舶过闸联合调度协调机制，合力推进乌江航运发展。通过强化管理机制、提升专业水平、建设管理平台等方式逐步完善通行管理，提高了通航效率高。通过建立枯水期应急抢险的方式建立整治机制，持续推动航道整治。加快基础设施建设，以重要港口集疏运公路为建设重点，加快提高进港公路等级，补齐港口集疏运基础设施短板，实现港产园串联、公铁水互通，完善集疏运体系建设。充分发挥黄金水道的优势，扶持水运企业的发展。积极引导产业沿江布局，依托水运优势，助力“黔货出山”，推动乌江流域新增长点的形成。

二、强化流域生态环境治理

乌江是贵州省第一大河，强化乌江流域生态环境治理在贵州省打造成生态优先、绿色发展示范区中具有重要意义。为此，贵州省制定了《贵州省深化乌江流域生态保护专项行动方案》，以巩固提升乌江水生态环境质量为核心，以乌江干流、主要支流及重点湖库为突破口，统筹山水林田湖草系统治理，围绕水环境治理、水生态修复、水资源保护开展“三水共治”，协同推进乌江流域高质量发展，为筑牢长江上游生态屏障奠定坚实基础。推进工业污染防治。贵州省研究制定了《贵州省深化磷污染防治专项行动方案》，推进磷矿、磷化工（磷肥、含磷农药及黄磷制造等）企业和磷石膏库“三磷”污染整治。推进磷石膏综合处置利用，实现磷石膏规模化、高值化、产业化。深化煤矿等其他企业污染治理。按照生产、在建、停产（关闭）分类制定煤矿“一矿一策”整改措施，重点推进“三水一渣”（矿井废水、洗煤废水、淋溶水、矸石废渣）及扬尘污染等问题整改。推进开发区废水治理设施建设。实施雨污分流，进一步提升污水处理厂进水浓度，完善开发区纳污管与城镇污水处理厂管网建设，打通管网建设“最后一千米”，实现管网全覆盖。深入实施尾矿库治理。以无主尾矿库为重点，按照“一库一策”管理要求，制订细化尾矿库应急预案。对存在较大风险隐患，确需编制方案进行治理的渣场尾矿库，及时编制污染防治方案，明确污染防治目标、措施及进度安排，推进尾矿库环境风险隐患排查及“回头看”发现的问题整治。通过分类推进农村生活污水治理工作，加强农村生活垃圾收集处置，强化养殖污染防治等进一步深化农村面源污染防治①。

云南省结合九大高原湖泊“三区”管控和河（湖）长制、“湖泊革命”攻坚战、污染防治攻坚战、赤水河及乌江流域保护、六大水系干流和九大高原湖泊岸线保护与利用等最新要求以及发展改革部门职能职责，制定了《云南省“十四五”重点流域水环境综合治理工作方案》。提出在乌江流域、重要饮用水水源地等重点区域加大污水处理设施改造力度，在有条件的地方推进雨污分流设施建设。加大乌江等流域上游地区加大污染防治和环境治理力度，提高减污降碳能力。因地制宜建设河道（湖库）截污工程，开展污染底泥清淤，加强清淤底泥无害化、资源化处理，开展河道（湖库）沿岸生态护坡、生产

① 贵州省深化乌江流域生态保护专项行动方案［EB/OL］. 贵州省人民政府网，2022-10-12.

缓冲带建设。开展农业面源污染治理、禽畜粪污资源化利用、农作物秸秆等农业废弃物综合利用和无害化处理，结合农村人居环境整治有序推进农村环保基础设施建设①。

重庆市聚焦改善水环境、修复水生态、保护水资源、保障水安全、彰显水文化，加强乌江干流重庆段排污口精细化管理。推进排污口的监测和整治工作，将排污口整治与城乡基础设施建设、农村环境综合整治相融合，与黑臭水体治理、生态修复工程等项目相结合，展开从污水排放控制到管网建设、生态修复、流域治理等相结合的综合整治。

三、开展乌江流域生态环境保护司法协作

2023 年 5 月，地处乌江流域的重庆和贵州 9 家中院在重庆市第三中级人民法院联合签署《乌江流域“2+7”中级法院生态环境保护司法协作框架协议》，旨在进一步完善跨区域协作机制，健全乌江流域生态环境资源综合治理体系。围绕长江保护“护文、治水、防灾、防污、禁渔、建林、固本”7 个关键词，开展乌江流域生态环境保护、修复工作，并联合构建便民高效、优势互补、资源共享、互利互助、共同发展的环境资源司法协作格局。依托一站式诉讼服务平台，实现乌江流域环资案件跨区域全过程诉讼服务远程协作对接。通过加强乌江流域环资执行案件的协作，对跨行政区划环境资源执行案件中的生态环境修复、禁止令、劳务代偿、第三方治理等特殊执行事项，实行委托监督制度②。

① 云南“十四五”重点流域水环境综合治理如何推进？工作方案出炉！［EB/OL］. 云南省生态环境厅网，2022-07-25.

② 刘洋，梁静媛. 重庆贵州 9 家中级法院签署协议加强乌江流域生态环境保护司法协作［N］. 北京青年报，2023-06-03.

第七章　长江中游主要支流流域综合治理

长江中游水系发达，湖泊众多，处在承上启下、串联南北的地位。本章分别以湖北汉江、湖南湘江、江西赣江为代表，介绍长江中游主要支流流域综合治理。

第一节　汉江流域综合治理

汉江是长江中游最长的支流，汉江干流流经陕西、湖北两省，全长1577千米。汉江湖北段涵盖了汉江的上中下游，占全长的55.25%，流域面积占全省面积的33.89%（见图7-1）。汉江流域自然资源丰富、经济基础雄厚、生态条件优越，是连接武汉城市圈和鄂西生态文化旅游圈的重要轴线，连接鄂西北与江汉平原的重要纽带，具有“融合两圈、连接一带，贯通南北、承东启西”的功能，在湖北省经济社会发展格局中具有重要的战略地位和突出的带动作用。在新发展阶段，湖北省积极探索我国内河流域综合开发的新模式，有效促进中部地区崛起，培育湖北省新的经济增长极，全力构建“安澜”“畅通”“富饶”“绿色”汉江，将汉江流域打造成全国内河流域综合开发和现代水利建设示范区。①

一、加快“安澜汉江”现代水利建设

汉江流域现代水利建设以现代治水理念为指导，基本实现汉江流域水害防治以及水资源的开发与利用、节约与保护，从根本上扭转了汉江流域水利建设相对滞后和保障能力薄弱的局面，使汉江流域综合开发步入资源优化、人水协调、生态良好、管理高效的发展轨道，确保江水安澜、民富业兴。

① 湖北省人民政府．湖北省汉江流域综合开发总体规划（2011—2020年）[J]．湖北政报，2011（4）．

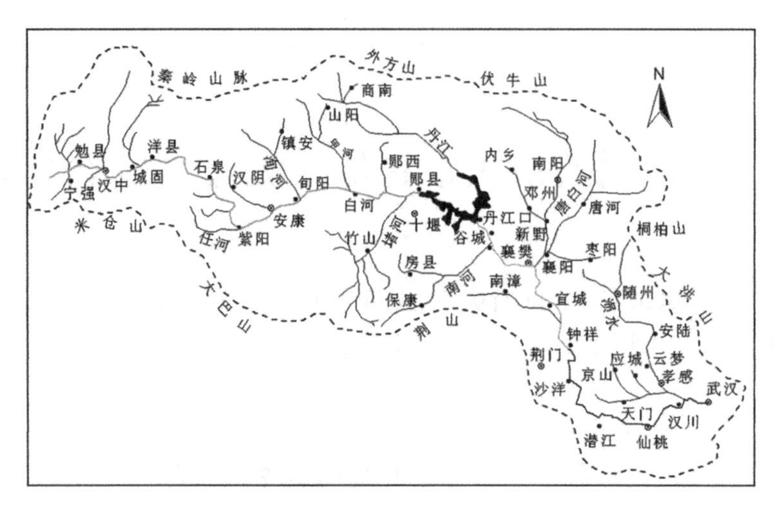

图 7-1　江汉流域范围图

（一）完善流域水资源综合利用工程体系

实施干流梯级工程建设。汉江流域的鄂西北属于湖北水资源贫乏地区，素有湖北“旱袋子”之称。为了实现水资源综合利用，需要实施干流梯级开发建设。到 2021 年，已经完成孤山续建枢纽工程以及新集、雅口、碾盘山三个拟建干流梯级开发工程。

完成引江济汉和闸站改造工程。南水北调工程实施后，汉江水资源不均的矛盾突出。为了缓解南水北调带来的不利影响，到 2022 年完成了汉江中下游兴隆水利枢纽工程、引江济汉工程、部分闸站改造工程的建设，大大改善了河道的生态、灌溉、供水、航运等条件。

改扩建供水设施和现有灌区。针对供水设施和灌区老化的问题，截至 2021 年年底，完成了对引丹、熊河、大岗坡、三道河、石台寺、温峡口、石门、惠亭、高关、天门引汉、兴隆、泽口、洪湖隔北、监利隔北等 14 处大型灌区和 148 处中型灌区的续建配套与节水改造。

（二）完成防洪除涝减灾工程建设

提高汉江中下游防洪工程标准。按照“防治结合”的总体思路，提高了汉江中下游防洪标准，综合防洪能力达到防御 1935 年洪水标准，确保汉江流域湖北段达到“百年一遇”防洪等级。

建设城市防洪工程。城市是人、财、物聚集的地区，防洪是天大的事。到2021年年底，以汉江干流沿岸城市为重点，同时涵盖汉江水系内的其他重要城市，如武汉、仙桃、潜江、天门、汉川、沙洋、钟祥、襄阳、丹江口等，防洪工程建设上了一个新台阶。

重点实施山洪灾害防治和除涝工程建设。汉江流域地质灾害多发，尤其是流经山区、公路、铁路河段，一旦发生塌方、河道堵塞，后果极为严重。近年来，采取以非工程措施为主、非工程措施与工程措施相结合的方式，进行山洪灾害治理，提高了山丘区防御山洪灾害的能力。

（三）加大水资源配置和保护力度

强化水资源配置。随着工业化、城市化进程加快，汉江流域缺水的问题日益突出，严格节水、合理配置水资源迫在眉睫。到2022年年底，实现了农业需水总量的零增长。

推进水资源保护。作为南水北调的水源地，汉江承担“一江清水向北流”的重任。沿江地区实行严格的水资源保护，将汉江流域作为一个生态系统，重视节水治污、生态修复、环境保护，提前实现排污总量控制、达标排放的目标。

二、打造“畅通汉江”综合交通体系

汉江流域是湖北省工农业比较发达的地区。经济要发展，交通要先行。近年来，立足于汉江沿线城镇，依托汉江干流、高速公路、快速铁路、航空等交通主线，以畅通沿江综合交通通道、构建沿江综合交通枢纽为重点，加大交通基础设施建设力度，基本建成安全、便捷、高效的综合交通运输系统。

（一）畅通水运通道

在国家大力发展内河航运政策支持下，以长江、汉江、江汉运河为骨干，以支流、湖泊为网络，以港口港区为节点，汉江航道建设大大加快，干流丹江口枢纽以下达到三级航道标准，襄阳小河港、荆门沙洋港等实现千吨级货轮通江达海、江海联运。加大港口建设力度。港口是汉江水运的集散地。为了提高港口装载、卸货效率，沿江流域港口加大港口资源整合力度，对重要港口进行升级改造，提高港口吞吐能力和机械化、专业化、信息化水平，汉江水运优势得到进一步提升。

（二）完善陆地交通网络

完善陆路交通网建设。汉江流域全国性综合交通枢纽功能显著增强，浩吉铁路、汉十高铁、郑渝高铁建成通车，所有县（市）通达两条以上高速公路，民航网络基本覆盖国内直辖市、省会城市和副省级城市。加强现有国省道的改造。在推进流域内国省干线公路升级和路网结构优化前提下，实现了汉江流域内各市、县之间都有快捷的道路相通，重点完成潜杨线张港汉江大桥的建设，使天门与潜江之间形成新的过江通道。

（三）完成航空港建设

提前完成武汉天河机场三期扩建工程，大力发展航空物流，到 2019 年年底，武汉天河机场达到年旅客吞吐量 3500 万人次、年货运吞吐量 44 万吨、年客机起降 33.6 万架次，基本实现全国门户机场和国际货运中心的目标。实施襄阳机场改扩建工程，将襄阳机场建成区域性枢纽机场，满足了鄂西生态文化旅游圈和省域副中心城市建设需要。2019 年襄阳机场年旅客吞吐量达到 100 万人次、年货运吞吐量 6700 吨。

三、推进“富饶汉江”现代产业发展

按照汉江流域产业基础与发展规律，重点围绕现代农业、先进制造业和现代服务业，加强农业的基础地位，促进先进制造业发展，培育现代服务业，实现三次产业的协调发展，着力推进“富饶汉江”现代产业发展，汉江流域在湖北经济发展总格局中的地位进一步提高。

（一）加快现代农业发展

加快优势农产品产业带建设。根据汉江流域农业资源条件，有效配置农业生产要素，加快建设一批规模较大、集中连片、市场相对稳定的产业带和基地，逐步发展成为各具特色的“板块经济”。以襄阳、荆门、天门三市为例。“十三五”期间农产品精深加工率由 2016 年的 22%提升到 2020 年的 32%，襄州成为“全国生猪全产业链典型县”。荆门 2022 年新增高标准农田 37.69 万亩，粮食总产量 289.51 万吨，建成全省首个农机装备产业园，推广北斗终端利用，农作物耕种收综合机械化水平达 82.8%。天门市“十三五”期间新建高标准农田 90 万亩，粮食产量稳定在 83 万吨，“双水双绿”、蔬菜药材、四季果茶等特色农业面积达到 80 万亩，培育国家级农业产业化重点龙头企业 3

家。目前，汉江流域已经建成鄂西北山区特色农业区、鄂中北岗地丘陵生态农业区、江汉平原湿地现代生态农业区三大功能区，粮棉油产业带、畜牧水产产业带、特色农产品优势产业带。①

（二）促进先进制造业发展

高质量发展动能加快积聚。湖北汉江流域城市在原有工业基础上，紧紧抓住国际上新一轮产业革命的契机，积极推动工业动能转换，加大投入力度，取得良好效果。以襄阳、荆门二市为例。2022年襄阳新增规模以上工业企业289家、总数达到1925家，新增国家级和省级专精特新企业114家、国家级重点“小巨人”企业3家、高新技术企业280家；超卓航科在上交所科创板上市，上市企业总量居全省第二位。截至2022年年底，荆门高新技术企业达到480家、科技型中小企业入库852家，新增国家级专精特新企业7家，长城汽车公司获批国家级“数字领航”试点示范企业，格林美、宏图公司被评为国家级制造业单项冠军。6家企业入选省级智能制造试点，17家企业成为国家两化融合贯标企业。汉江流域大力布局新兴产业，增强了流域经济后劲，为工业经济转型升级谱写了“汉江答卷”。

（三）培育现代服务业

有序推进文化旅游资源开发。汉江流域历史厚重，文化特色突出，发展文化旅游条件得天独厚。目前，以汉江干流为轴线，以十堰、神农架、襄阳、潜江和武汉为重要的旅游集散中心已经连片成网，建成了一批在国际国内具有较大影响力的旅游景区。依托武当山的道教文化，荆门屈家岭农耕文化和长寿文化，襄阳古隆中的三国文化，随州、神农架、枣阳和谷城的神农炎帝文化，神农架的生态文化，潜江的曹禺戏剧文化，天门的茶圣陆羽茶文化，孝感的孝文化，汉阳的知音文化，完全可以构筑汉江流域文化特色旅游网络和体系，形成具有流域特色的精品旅游带。

推动现代服务业提速升级，大力发展现代商贸业。积极引进国内外知名零售企业，推动实施华润万象城、王府井等商业综合体项目，大力发展夜间经济，建成一批省级示范步行街、特色商业街。到2022年年底，汉江流域全年新增限额以上商贸企业800家以上，社会消费品零售总额同比增长11%。积极

① 襄阳市人民政府．政府工作报告［EB/OL］．襄阳市人民政府网站，2023-01-08；荆门市人民政府．政府工作报告［EB/OL］．荆门市人民政府网站，2023-01-13.

发展生产性服务业。推动检验检测、研发设计、现代金融、人力资源专业化高端化发展，推进现代服务业与先进制造业、现代农业深度融合。汉江流域服务业在全省比重得到进一步提高。

四、加强“绿色汉江”生态文明建设

按照开发与保护并重的原则，加强污染治理和环境保护，强化生态保护与修复，推进低碳技术和循环经济发展，在促进流域经济发展的同时保证“一江清水”，努力将南水北调对汉江流域特别是汉江中下游地区的生态环境影响降至最低。着力加强“绿色汉江”生态文明建设，将汉江流域建设成为具有生态调节、人居保障等多种生态功能的重要生态功能区。

加强污染治理与环境保护。积极贯彻习近平生态文明思想，真正践行“绿水青山就是金山银山”理念，坚持不懈抓好生态环境治理与生态修复，生态环境质量明显改善。以襄阳、十堰、仙桃三市为例。2022 年襄阳市深入打好污染防治攻坚战。中心城区重污染天数同比下降，汉江干流襄阳段水质稳定保持在Ⅱ类水平，土壤环境状况整体稳定，襄阳市成为全国“无废城市”建设试点。加快绿色低碳发展。完成清洁生产技术改造项目 91 个，新增国家绿色工厂 6 家、绿色设计产品 4 个，单位 GDP 能耗同比下降约 4%。十堰市 2022 年实施生态环境十大攻坚行动，严格落实河湖长制、十年禁渔令，整治排污口 393 个，神定河流域获批全国流域水环境综合治理与可持续发展试点。丹江口水库水质稳定保持在Ⅱ类标准以上，累计调水 535.2 亿立方米。仙桃市近 5 年来 2447 个生态环境问题整改销号，空气质量持续好转，“四水共治”初见成效，空气质量优良率、优良水体比例分别提高 11%、33%。①

第二节　湘江流域综合治理

湘江是长江的重要一级支流、湖南的母亲河。流域地处长江经济带与华南经济圈的辐射地带（见图 7-2），区域内城镇密布、人口集中、经济发达、人文厚重、交通便利，是湖南省经济社会发展的核心地区。要按照区域生态环境与经济社会全面、协调、可持续发展的要求，率先建立生态文明与经济文明高度统一、制度创新与科技创新双轮驱动，人水和谐相处的流域科学发展模式，

① 十堰市人民政府．十堰市政府工作报告［EB/OL］．十堰市人民政府网站，2023-01-05.

建成健康湘江、富庶湘江、和谐湘江和丰盈湘江。

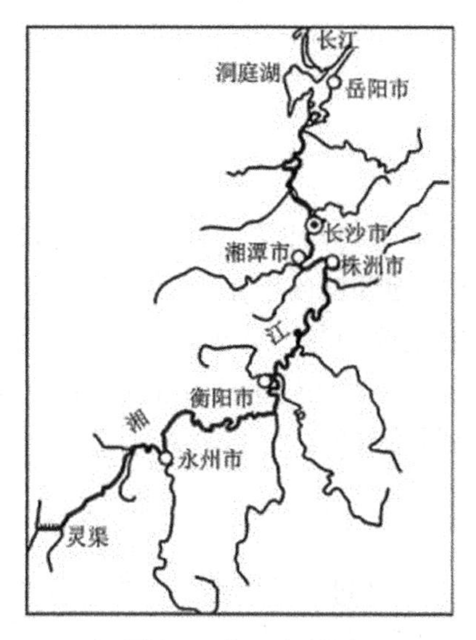

图 7-2　湘江水系图

一、落实最严格水资源管理制度

2018 年以来，湖南以河湖长制为抓手，在全国首创发布省总河长令、率先实现五级河湖长责任体系全覆盖，“河畅、水清、岸绿、景美、人和”的场景不断呈现，人民的安全感、获得感、幸福感不断增强。

（一）坚持河长领治

湖南省委书记、省长等省级河湖长模范履职、高位推动，聚焦河湖突出问题，先后签发 8 道省总河长令；省市县各级党政主要领导任双总河长，政府分管领导任河长办主任，全省 5.1 万余名河湖长积极履职，解决了一大批江河湖库陈年痼疾。省纪委监委持续开展“洞庭清波”行动，强化政治监督；将河湖长制纳入省政府对市州政府绩效考核、真抓实干督查激励事项，进一步压实了河湖管护责任。

（二）坚持协同联治

全省建立了“河长+警长+检察长”“河长办+部门”等协作机制，健全乡镇“一办两员”（河长办工作人员、护河员、保洁员）体系，建立落实流域生态保护补偿机制，毗邻地区签订了跨界河湖管护合作协议，湖南省与湖北、重庆、江西、广西、贵州签订了河湖长制联防联控联治合作协议，强力推进了跨界河流共管共建共享。

（三）坚持水岸同治

到2022年年底全省完成457座小水电站退出和4284座小水电站整改；完成322个县级饮用水水源地环境问题整治；实现禁养区全面退养；6000多个河湖“四乱”问题全面整改销号；清理整治“僵尸船”3193艘、处置“三无”船舶1118艘；拆除关停非法码头渡口654个；完成8877个排污口排查建档；排查整治碍洪突出问题365个。

（四）坚持全民共治

湖南推动官方河长、“民间河长”联手共治，选聘“民间河长”、记者河长1.57万人，运用新湖南随手拍、红网@河长等引导群众参与监督，建成省市县三级“河小青”志愿者行动中心140个，营造了全民参与河湖管理保护的浓厚氛围。全力打造美丽幸福河湖，浏阳河成为全国首批示范河流，凤凰县沱江被评为全国“最美家乡河”，建设渌水、涟水等省级示范河，打造县乡样板示范河段5000多条、评选了230条省级美丽河湖。①

二、构建生态环境保护体系

控制流域排污总量，加强流域环境整治，保护饮用水源地，实现流域环境质量全面达标。推进流域生态修复，提升流域生态功能，保护生物多样性，维护河流健康和流域生态安全。

（一）坚持生态优先不动摇

2020年8月，推动长江经济带发展领导小组办公室印发《关于支持湖南岳阳开展长江经济带绿色发展示范的意见》，岳阳成为国家长江经济带绿色发展第5个试点示范城市。荣誉的背后是岳阳全面打赢污染防治攻坚战的坚定决心和有力举措。

① 湖南省发展和改革委员会．守住一江清水［EB/OL］．湖南省发展和改革委员会网站，2023-02-18.

近年来，针对“化工围江”乱象，岳阳停产234家造纸企业，完成35家造纸企业制浆产能退出，关闭淘汰47家苎麻纺织企业，出台沿江化工生产企业关停搬迁改造工作方案，从根源上解决长江沿岸和环洞庭湖生态环境系列问题。正在建设的巴陵石化公司己内酰胺产业链搬迁与升级转型发展项目，总投资153.5亿元，是目前湖南省工业用地面积最大的项目，2023年二季度已投产，项目建成后，岳阳石化产业技工贸收入有望突破7000亿元，还可实现单位污染物排放量减半。

2018年起，岳阳把修复长江和洞庭湖生态环境摆在压倒性位置，重点实施沿江化工企业整治、长江岸线码头整治、黑臭水体治理、沿江环湖生态修复、沿江环湖地区“空心房”整治、重点领域整治、河长巡河“七大行动”和洞庭湖生态环境专项整治“三年行动”，深入推进污染防治攻坚战，共投入资金300多亿元，以突出环境问题整改为抓手，打赢一场漂亮的蓝天碧水净土保卫战。“河湖长制”落到实处，市县乡村四级河湖长每年巡河10万多人次。持续开展生态环保问题暗访跟拍和“河湖健康问诊”暗访督察，建立每月县市区生态环境评估排名制度。

截至2020年年底，岳阳市基本消除黑臭水体。2020—2021年，黄盖湖、东风湖先后获评湖南省“美丽河湖”，长江干流水质达标率连续多年保持100%，中心城区空气质量优良率达90.7%。

（二）大力推进绿色低碳循环发展

湖南深入践行习近平生态文明思想，动真格、求实效。全面落实河湖林长制，污染防治攻坚战工作连续两年获评国家优秀。出台《湖南省洞庭湖保护条例》，健全自然资源督察执法和审计协作联动机制。推进碳达峰碳中和行动。实施重点攻坚。2022年生态环境各项约束性指标好于或达到国家考核标准，147个国考断面水质优良率达97.3%、提高4个百分点，全省空气质量优良天数比率达91%。强化示范带动。完成湘江流域和洞庭湖生态保护修复工程试点，建成国家级绿色矿山65座，打造10条省级示范生态廊道，森林覆盖率达59.97%。科学编制国土空间生态修复规划，严格实施“三线一单”生态环境分区管控；强化对重点行业、重点区域的生态环境准入约束，坚决遏制“两高”项目盲目发展。搬迁改造沿江化工企业38家，严肃查处环境违法案件2793件，启动生态损害赔偿案件989件。湖南以实际行动“守护好湘江碧水”，擦亮了美丽湖南的生态品牌。

（三）开展洞庭湖水环境专项整治

近年来，湖南强化长江和洞庭湖水环境专项整治，推动水环境整治取得了突破性进展。一是严格控制了农业面源污染，加快推进洞庭湖区生态农业和循环农业建设，加大绿色防控、测土配方施肥、水肥一体化推广力度。目前，主要农作物测土配方施肥覆盖率达到95%、病虫害绿色防控覆盖率达到40%、化学农药减量12%以上，有效控制养殖污染，依法全部关停排放不达标的规模养殖场，长江干线延伸陆域1千米范围内消除畜禽养殖场和养猪专业户，全面禁止了洞庭湖区天然水域投肥投饵养殖。二是开展黑臭水体、劣V类水体治理。水质优良比例持续维持在75%以上，重要江河湖泊水功能水质达标率达到84%，长江经济带绿色长廊初步建成。三是加大了城乡生活污染治理。以沿江沿湖城镇污水垃圾治理为重点，提高了污水垃圾处理水平，生活垃圾定点存放清运率达到100%，生活垃圾无害化处理率达到95%，洞庭湖重点区域和重点城镇污水处理设施全覆盖。

三、促进区域协调发展

加快推进新型城镇化建设，全面提高城镇发展质量，着力打造亲水宜居、富有活力、彰显文化的滨江特色城镇带，在统筹城乡发展进程中促进区域协调发展。

（一）提高城镇化水平

促进城镇化与产业和资源环境协调发展。增强城镇化地区经济要素集聚功能，以新型城镇化为目标优化产业布局。强化长株潭城市群以及衡阳、郴州、永州、娄底等中心城市的产业支撑功能，引导人口向经济密集地区集中。优化城镇人居环境。增加城市建设和社会事业投入，增强城镇综合服务能力，推进公共服务均等化；统筹地上地下市政公用设施建设，全面提升城镇设施水平；积极保护城市生态环境，优化城市开敞空间，打造绿色生态城镇；有序推进旧城改造与环境整治，注重城市文化保护与传承，彰显城市发展特色，提升城镇文化品位，建设宜居城镇。有序构建城镇空间网络。近期扩展成区，优先发展长株潭城市群核心区以及衡阳、郴州、永州、娄底四个次中心城市；中期连区成带，形成依托湘江干流和京港澳交通走廊的“人”字形骨架；远期接带成网，流域枝状结构与交通网状结构相融合，形成“一核四极四轴”城镇空间网络。

（二）主动融入国家战略

立足区位优势，构建湖南特色区域发展新格局。在抢抓国家战略机遇中乘势而上。深度融入长江经济带发展、长三角一体化发展、粤港澳大湾区建设等国家战略，稳步推进湘鄂赣高质量协同发展，深入开展湘赣边区域合作。在全面实施强省会战略中带动全局。出台落实强省会战略“1+N”系列政策，成功获批长株潭都市圈发展规划，落地实施长株潭绿心中央公园总体设计和湘江科学城规划，长沙市跻身特大城市行列，长株潭经济总量占比超过40%。在区域板块联动发展中各展其长。2022年岳阳、衡阳经济增速分别高于全省0.9个、0.7个百分点，洞庭湖生态经济区单位GDP能耗低于全省6个百分点，湘南地区规模工业增加值增速高于全省1.1个百分点，大湘西地区基础设施投资增速高于全省19.8个百分点。全省城镇化率达60.3%，特色小镇达60个。①

（三）促进区域协调发展

落实国家区域协调发展战略，推进“核”“块”“城”“域”协调联动。强化“核”的引领。2021年长株潭都市圈建设列入国家“十四五”规划，“十同”重点任务有力落实，三十大标志性工程完成年度投资计划的112%，长株潭国家自主创新示范区加快建设，绿心中央公园布局一批绿色增值项目，三市经济总量占全省的比重达41.8%。加强“块”的协同。岳阳、衡阳两个省域副中心城市加快建设，洞庭湖生态经济区绿色发展水平稳步提升，湘南湘西承接产业转移示范区引进“三类500强”项目134个。增强“城”的带动。县城基础设施补短板、强弱项工作深入推进，城乡客运一体化走在全国前列。15个国省示范县城产业平台公共配套设施建设加快，新增10个省级特色产业小镇。住房保障力度加大，房地产市场保持平稳，全省城镇化率提高1个百分点。促进“域”的协作。加强省际交流，深化与央企战略合作，深度参与泛珠三角、长江中游等区域合作，加快融入粤港澳大湾区，湘赣边合作示范区建设上升为国家战略，湘赣边、湘鄂渝黔革命老区整体纳入重点革命老区范围。

---

① 湖南省人民政府．湖南省政府工作报告［EB/OL］．湖南省人民政府网站，2023-01-18.

四、“两型”产业体系建设

深入推进长株潭城市群“两型社会”综合配套改革试验区和洞庭湖生态经济区建设，加快产业转型升级，突出产业滨江特色，推动产业协调发展，把湘江流域建设成为全国重要的“两型”产业发展区。

（一）聚力推动转型升级

湖南省持之以恒发展制造业，打造“工程之都”“算力强省”，以建筑制造业高地引领全省质量变革、效率变革、动力变革。加快制造业关键产品“揭榜挂帅”，推进产品创新强基，实施产业链供应链提升工程，2022 年全省制造业占比提高 0.4 个百分点、达 28.2%。新增国家制造业单项冠军企业（产品）21 个、专精特新“小巨人”企业 174 家，上榜全球独角兽企业 2 家，新增国家先进制造业集群 2 个。第三代半导体核心装备、海上风电塔筒变压器等打破国外垄断，高精度北斗芯片、8 英寸集成电路成套装备等技术国际领先，航空发动机异形构件精密铸造技术取得重大突破。引进高层次科技人才和团队 121 人（个），获批国家级知识产权保护中心。同时，以开放促转型，打造内陆地区改革开放高地。高质量举办世界计算大会、国际通用航空产业博览会、全球湘商大会、首届湖南旅游发展大会，实际利用外资、对外投资规模均居中部第一，对非贸易规模居中西部第一。自贸试验区形成 47 项制度创新成果。国企改革三年行动任务全面完成。湘江新区和省直单位主管高职院校管理体制改革顺利推进。

（二）一体布局新兴产业

湖南倾全省之力，出实招，出台实施系列政策，以电力保障算力、算力促进动力，三力一体发力，取得积极进展。以电力为基础的能源支撑坚强有力。2022 年“宁电入湘”进展顺利，平江电厂、荆门—长沙特高压交流工程等项目建成投产，风电、光伏规模化开发建设步伐加快，审批和开工的抽水蓄能项目装机容量居全国第 5 位。以算力为代表的新基建支撑先行一步。算法创新等六大行动率先启动实施，长沙国家级互联网骨干直联点开通运行，国家超级计算长沙中心算力达到 200PF、国内领先，国家工业互联网创新发展示范区成功获批，数字经济连续 5 年保持 2 位数增长、规模突破 1.5 万亿元。以科技创新为重点的动力支撑能级跃升。岳麓山实验室等“四大实验室”、大飞机地面动力学试验平台等“四大科技基础设施”布局建设，杂交水稻等 6 家实验室获批全国重点实验室。全省区域创新能力前进3位、排全国第8位，高新技术产业增加值增长12.7%。

（三）优化环境壮大市场主体

以重点突破带动整体提升，努力保持经济合理增长和结构优化升级相统一。产业培育强基赋能。2022年“十大产业项目”全面完成，产业发展“万千百”工程深入推进，中联智慧产业城、邵虹基板玻璃等项目投产或部分投产，28个百亿项目完成投资1142亿元，全省产业投资增长11.3%。轨道交通装备进入欧盟高端市场，新能源汽车产量增长2倍，规模以上电子信息制造业营收增长20.2%。企业成长加力提速。市场主体倍增工程和新增规模以上工业企业行动、企业上市“金芙蓉”跃升行动强力推进。全省实有市场主体达635万户、增长16.3%，制造业百亿企业达43家，新增规模以上工业企业1800家以上、上市和过会企业12家。湖南钢铁进入财富世界500强、三一集团跻身福布斯全球500强，5家企业位列“全球工程机械50强”。在2022年度全国工商联“万家民营企业评营商环境”活动中，湖南省排全国第7位、长沙市排全国城市第6位，均居中西部地区首位。湘商回归新注册企业953家、到位资金4475亿元，引进“三类500强”企业项目393个、总投资近4400亿元。①

五、综合交通运输体系建设

积极挖掘湘江水系航运潜力，进一步完善铁路、公路、水运、航空和管道相结合的现代交通运输体系建设，构建对外大开放、对内大循环的交通大格局，为流域经济社会发展提供有力保障。

（一）提升湘江黄金水道功能

推进航道体系建设。将航道整治与流量调节相结合，建成畅通、高效、平安、绿色的现代化内河水运体系。湘江干流苹岛至长沙河段，全面完成水位相互衔接的潇湘、浯溪、归阳、近尾洲、土谷塘、大源渡、株洲和长沙等8个梯级枢纽建设及各已建枢纽船闸的扩容改造，使湘江高等级航道里程达到717千米。干流与主要支流航运协同发展，实现涟水复航。加强洞庭湖城陵矶综合枢

① 湖南省人民政府．湖南省政府工作报告［EB/OL］．湖南省人民政府网站，2022-01-15.

纽、湘桂运河的规划论证。

提升港口服务功能。统一规划管理利用岸线资源，对流域内河道采砂实行统一管理和监督，建设以长株潭组合港为主体，以岳阳湘阴港、衡阳港、永州港及其他一般港口为补充的湘江港口体系。完善港口基础设施，调整港区功能布局，建设一批高等级泊位，形成流域集装箱、粮食、煤炭、金属矿石、钢材、大重件和液体散货等专业化运输体系，提高港口吞吐能力。布局建设一批便捷适用的水上旅游客运码头。

（二）完善综合交通网络体系

完善公路网络。加快高速公路建设，高效连通流域重要城市，构筑流域对外高速通道。力争全面形成“两环五纵七横”为骨架的高速公路网。按照“完善网络、提高等级、增强能力”的要求，进一步推进各级公路建设，二级以上公路通达所有县（市、区）。推进县道、乡道、村道建设改造，提高通达深度，完善配套服务设施。

提升铁路及城市轨道交通网络。全力推进铁路骨干网络建设，加快形成京广、沪昆两条客运专线组成的“一纵一横”高速铁路客运网，实现流域与珠三角、长三角、北部湾、成渝、环渤海等各大经济区高速畅达。

拓展航空运输网络。加快航空基础设施建设，优化空域资源配置，积极构建国际航线、国内干线、区域支线三位一体、互为补充的综合航空运输网络。目前，黄花机场实现东扩、建成第4航站楼，旅客吞吐能力达到3500万人次/年，提高机场货运吞吐能力，建设全国区域性国际航空中心，力争进入全球百强机场；有序发展支线机场，建成一批通用机场。

优化流域集疏运网络体系。加强各层次交通枢纽建设，有机衔接各种运输方式，形成便捷、安全、高效的流域客货集疏运网络，促进交通、产业、城市协调联动发展。

第三节　赣江流域综合治理

赣江是鄱阳湖水系的第一大河，也是长江的大支流之一。赣江流域位于长江中下游南岸，南昌八一桥以上流域面积83500平方千米，占江西全省面积一半。流域东部与抚河分界，东南部以武夷山脉与福建省分界，南部连广东，西部接湖南，西北部与修河支流潦河分界，北部通鄱阳湖在湖口汇入长江（见图7-3）。赣江流域综合治理在江西省流域综合治理体系中占据非常重要地位。

图 7-3　赣江水系图

一、加快构建具有江西特色的现代产业体系

坚持把发展经济着力点放在实体经济上，以实施产业链链长制为抓手，加快构建以数字经济为引领、以先进制造业为重点、先进制造业与现代服务业融合发展的现代产业体系，提高经济质量效益和核心竞争力。

（一）转型升级持续深化

江西传统产业底子薄，经济竞争力不强。近年来，江西全省铆足劲，在工业转型升级上取得可喜成绩，为未来江西工业布局走了一手先行棋，呈现出可喜的亮点与特色。2022 年，国家稀土功能材料创新中心通过验收，国家虚拟现实创新中心、国家中药先进制造与现代中药产业创新中心落地，全球陶瓷产品创新中心启动建设，国内首条稀土永磁磁浮轨道工程试验线竣工，助力全球首架 C919 成功交付，江西师大一号环境遥感卫星成功发射，全省首个农业领域“十四五”国家重点研发计划获批立项。电子信息产业营业收入跃居全国第 4 位，算力整体规模居全国第 11 位，数字经济核心产业增加值占 GDP 比重有望达到 7.5%。新增国家级制造业单项冠军企业 5 家、专精特新“小巨人”企业 70 家。①

① 江西省人民政府．江西省政府工作报告［EB/OL］．江西省人民政府网站，2023-01-30.

（二）立足优势发展新兴产业

大力推进创新发展。江西省利用中央对口政策支持，紧紧抓住新一轮产业革命的机遇，高起点、高效率启动新兴产业在全省布局，扭转了江西传统工业比重不大的不利局面，在发展新兴产业上富有特色、卓有成效。2021年，轨道交通基础设施性能监测与保障国家重点实验室、中国工程院科技发展战略江西研究院、中国信通院江西研究院、中国工业互联网研究院江西分院、中国移动虚拟现实创新中心、中国联通工业互联网暨江西省工业互联网实训基地、江西航空研究院成立，中国商飞江西生产制造中心挂牌，中国中医科学院中医药健康产业研究所获批；南昌大学“人造太阳”装置投运并成功放电；新增1名中国工程院院士。新增“5020”项目160个、总投资4800亿元以上，“2+6+N”产业量质双升，预计省级产业集群营业收入增长35%左右。累计开通5G基站6万多个，南昌、九江、上饶入选全国首批“千兆城市”，南昌国家级互联网骨干直联点启动建设，上饶、九江开通国际互联网数据专用通道，国家（江西）北斗综合应用示范项目基本建成，03专项成果转移转化试点示范三年框架协议续签、百万级应用达到3个。①

二、推进交通强省重大项目建设

着力构筑枢纽、畅通通道、完善网络，推进重大铁路项目建设，建成赣深客专、昌九客专等高速铁路，打造南昌“米”字形及部分设区市“十字形”高铁布局，加快构建高铁网总体布局，力争“十四五”末时速250千米以上的高铁通车里程突破2000千米，普通铁路通车里程接近4000千米。

（一）建设公路交通网络

坚持扩容繁忙通道、加强省际通道、完善纵向通道，实施2000千米高速公路建设工程，构建以“十纵十横”为主骨架的高速公路网，适当加密高速公路区间路建设，至2035年，力争全省80%的乡镇半小时内上高速。升级改造2000千米普通国省道，新改建10000千米以上农村公路，提升普通国省道干线公路等级和农村交通通行能力。

① 江西省人民政府．江西省政府工作报告［EB/OL］．江西省人民政府网站，2022-01-30.

（二）构建"两横一纵多支"内河高等级航道

加快建设以九江港、南昌港、赣州港为主体的现代港口群，高等级航道里程1200千米以上，形成现代化港口体系，规划建设赣粤运河。推进昌北国际机场扩建、瑞金机场等机场项目建设，新建抚州机场及一批通用机场，着力打造"一主一次七支"民用机场布局，全省机场旅客吞吐量达3500万人次。加快建设一批集约高效、无缝对接的公铁空、公铁水、江海直达等联运枢纽，打造"一核三极多中心"综合交通枢纽布局。

（三）交通强省成就斐然

2022年末江西省四级及以上等级公路里程206208.23千米，比上年增加553.44千米，占公路总里程的97.9%。2022年末全省内河航道里程5716千米，等级航道里程2427千米，占总里程的42.5%。全省港口拥有生产用码头泊位487个，比上年增加30个。年末全省港口拥有千吨级以上泊位199个，比上年增加15个。年末全省拥有水上运输船舶2426艘，净载重量652.41万吨，增长19.9%；载客量14566客位，增长4.4%；集装箱箱位7776标准箱，增长12.6%。全年完成公路水路固定资产投资931.6亿元，比上年增长9.4%。江西交通强省建设将有力推动赣江流域整体开发与全面发展。①

三、加强现代水利设施建设

赣江流域以推进重点防洪工程改造提升为抓手，全面完成万亩以上圩堤除险加固。加强重点易涝地区排涝能力建设，加快实施重点城市防洪工程建设。

（一）完善水资源保障体系

实施重点水源工程，到2022年年底建成四方井、花桥大型水库，建设一批中型水库和小型水库水源工程。实施赣抚平原等大型灌区续建配套与现代化改造，开展中型灌区续建配套与节水改造。加快建设城市应急备用水源，实施农村供水保障工程，基本建成城乡供水一体化工程体系。实施生态鄱阳湖流域建设十大行动计划，继续实施国家水土保持重点工程、崩岗治理和生态清洁小

① 江西省交通运输厅，江西省统计局．江西省交通统计公报［EB/OL］．江西省交通运输厅网站，2023-01-23.

流域建设，推进鄱阳湖水利枢纽前期论证，争取早日开工。开展农村水系综合治理。

（二）实施水安全重点水利工程

目前，已经完成长江干流江西段崩岸应急治理、鄱阳湖区 1 万~5 万亩圩堤防除险加固、鄱阳湖区保护面积万亩以上单退圩堤加固整治、康山国家重点蓄滞洪区安全建设工程，推进珠湖、黄湖、方洲斜塘 3 座国家一般蓄滞洪区安全建设，开工推进鄱阳湖重点圩堤升级提质整治工程。实施五河及支流防洪治理、洪患村镇河流综合治理、重点山洪沟防洪治理、万亩圩堤除险加固、千亩圩堤加固整治。推进大中小型病险水库和大中型病险水闸除险加固，推动病险水电站除险加固。推进城市防洪排涝建设，以及重点城镇、重点圩堤和粮食主产区等重点涝区的排涝设施改造和建设。

（三）建设供水安全保障工程

江西省坚持城乡一体化水源建设。目前，建成四方井、花桥等 2 座大型水库，建成井山、碧湖、茶坑、大岗山、黄坑口、岭下等一批中型水库和一批小型水库水源工程。下一步，进一步推进城市应急备用水源工程、城乡供水一体化工程，开展柘林湖水库供水工程、鹅婆岭大型水库工程前期工作。基本建成大坳灌区，推进峡江灌区、兴国灌区等前期论证工作。

（四）兴建生态安全保障工程

水利工程与生态安全紧密相关，二者相辅相成。近年来，江西省实施农村水系综合整治工程，推进萍乡城区地下水超采区治理与修复、绿色小水电建设，大力推进赣江吉安段综合治理工程、袁河流域水环境综合整治、渌水流域生态综合治理、抚河流域生态综合治理，上饶和鹰潭城区水系综合整治、景德镇百里昌江风光带、九江市重点河湖水生态保护修复与治理等工程、赣州五江十岸防洪提升与生态修复工程、东江源和北江源生态修复与治理工程。这些工程的兴建对生态安全保障起到了有力的推动作用。

四、推动更高水平区域协调发展

深入实施主体功能区战略，坚持区域协调发展，构建高质量发展的区域经济布局和国土空间支撑体系。

（一）强化城乡统筹

在强省会做大南昌都市圈的同时，推进全省协调发展，积极推进乡村振兴，让全省人民在经济发展中都有明显的幸福感、获得感，最终实现共同富裕的奋斗目标。大南昌都市圈“强核行动”启动，国家对口支援赣南等原中央苏区政策延续至2030年，11个设区市地区生产总值全部突破千亿元。城市功能与品质提升三年行动胜利收官，部省共建城市体检评估机制、推进城市高质量发展示范省建设启动，南昌、景德镇入选全国首批城市更新试点城市，南昌、景德镇、赣州入选全国城市体检样本城市。省防返贫监测平台上线，累计识别监测对象3.3万户11.5万人，66.3%已消除返贫致贫风险。粮食总产219.25亿千克、增加2.85亿千克，生猪产能全面恢复到正常年份水平，新增设施蔬菜35万亩。国家农机装备创新中心江西研发基地揭牌，3县（市）入选全国首批农业现代化示范区，广昌白莲、狗牯脑茶国家地理标志产品保护示范区获批筹建，5个国家地理标志保护产品入围2021年中国品牌价值评价信息区域公用品牌。全域农产品认证品牌“赣鄱正品”发布，食品安全溯源平台“赣溯源”上线并入驻国务院客户端，唱响了统一品牌、确保品质、强农兴农主旋律。①

（二）推动全域发展

大南昌都市圈综合交通、产业布局、生态环境等专项规划制定实施，赣州打造对接融入粤港澳大湾区桥头堡、赣东北开放合作、赣西转型升级迈出新步伐。2022年乡村振兴取得新进展，新建高标准农田302万亩、超额完成国家下达任务，粮食总产216.4亿千克、增加0.65亿千克，生猪产能恢复到2017年水平，设施蔬菜面积新增36.75万亩；农村人居环境整治三年行动目标基本实现，“厕所革命”三年攻坚任务超额完成，71个县实现城乡环卫“全域一体化”第三方治理，107个县（市、区）和功能区开展城乡供水一体化工作；湖口、余江、大余、永丰入选国家新一轮农村宅基地制度改革试点。城市功能与品质提升三年行动扎实推进，萍乡海绵城市试点建设年度绩效考评连续3年获评全国第1名，萍乡、景德镇、宜丰、玉山、芦溪、大余获评全国文明城市，南昌、赣州、吉安和南昌县复查保留全国文明城市称号，景德镇、九江、赣

① 江西省人民政府．江西省政府工作报告［EB/OL］．江西省人民政府网站，2022-01-30.

州、抚州、上饶、共青城、德兴获评国家卫生城市，新余获评2020中国宜居宜业城市。石城、靖安、武宁和昌江区入选国家全域旅游示范区，武宁、寻乌、安福、铜鼓、宜黄入选国家生态文明建设示范市县，寻乌山水林田湖草综合治理入选全国十大生态价值实现典型案例，庐山西海晋升国家5A级景区，三清山金沙获评国家级旅游度假区，入选“千村万寨展新颜”活动村庄占参加总数的30%、居全国第1位。

五、高标准打造美丽中国“江西样板”

坚持绿水青山就是金山银山理念，纵深推进国家生态文明试验区建设，建设人与自然和谐共生的现代化，以更高标准打造美丽中国“江西样板”。

（一）巩固提升生态优势

江西省自然生态基础良好，但很长一段时间自然资源过度开采，开采之后不注意修复的问题还是非常突出的。江西没有满足于已有生态现状，而是对标国际生态先进地区，瞄准难点与痛点，不以牺牲环境为代价发展经济，不要破坏环境为手段获取的GDP。2022年国家生态文明试验区建设阶段性任务全面完成。污染防治攻坚战成效考核连续2年、水资源管理考核连续4年获全国优秀，生态质量指数居全国前列，退捕禁捕工作全国领先，长江干流江西段连续5年、赣江干流连续2年达到Ⅱ类水质，设区市集中式饮用水源地达标率100%。空气质量居中部地区第1位、全国前列。森林覆盖率居全国第2位，国家森林城市、园林城市实现设区市全覆盖。累计创建“绿水青山就是金山银山”实践创新基地8个，国家生态文明建设示范区24个，国家级绿色工业园区13个，绿色发展指数连续9年居中部地区第1位。

（二）完善生态治理体系

生态环境治理不是自然生态环境部门一家的工作，而且利益环节错综复杂，治理起来难度很大，困难很多，除了必胜的信心之外，还必须建立一套行之有效的治理体系。近年来，江西省进行了大胆探索，整体推进，取得了不少可推广可复制的经验。在全国率先发布省级国土空间生态修复规划、率先出台建立健全生态产品价值实现机制实施方案，生态环境监测网络实现水陆空全覆盖，城乡一体化生活垃圾收运处置体系基本实现行政村全覆盖，跨省流域上下游突发水污染事件联防联控合作实现全覆盖。国家林业和草原局与江西省共建江西现代林业产业示范省启动实施，人工造林、低产低效林改造、森林“四化”分别完成年计划的208.2%、164.3%、121.5%。在全国率先启动“湿地银行”建设试点，赣州入选全国水土保持高质量发展先行区，吉安获评全国“最具生态竞争力城市”，抚州成为全省首个全国林业改革发展综合试点市，德兴成为全省首个国家气候标志城市。

（三）壮大绿色经济

赣江流域积极将生态优势转化为经济优势，实施绿色产业培育工程，大力发展生态循环农业、生态旅游等产业，壮大清洁生产、清洁能源、绿色建筑、基础设施绿色升级等产业，推动节能环保产业成为全省新兴支柱产业，创建3~5个国家级绿色产业示范基地。加快重点行业、重点领域绿色化改造，支持赣州、萍乡等资源枯竭型城市、老工业基地转型发展。大力发展南昌、景德镇工业园区循环经济，构建多层次资源高效循环利用体系。加强赣江园区循环化改造，开展园区产业废物交换利用、能量梯级利用、水循环利用和污染物集中处理。积极推进国家级资源综合利用基地、循环经济示范市和“无废城市”建设。完善宁德工业园区废旧物品回收设施，健全城市废旧物品回收分拣体系。加快生态优势转化。开展自然资源调查评价监测和确权登记。在抚州市绿色产品生态价值实现试点完成验收基础上，健全生态资产与生态产品市场交易机制，推进排污权、用能权、用水权、碳排放权市场化交易，争取建立南方地区生态产品交易中心。

第八章　长江下游主要河湖流域综合治理

由安徽省、江苏省、浙江省、上海市构成的长江下游地区水网密布，河湖众多。通过跨区域合作、生态补偿等措施，纠正“先污染、后治理”的偏向，进行了“新安江模式”等探索，主要河湖流域综合治理取得成效，一些经验在全国推广。

第一节　太湖流域综合治理

太湖流域属长江下游重要水系，是长江经济带和长三角经济圈重要板块，主要分属江苏省、浙江省、上海市二省一市，是我国经济最发达、最活跃的地区之一，在全国占有举足轻重的地位。但也曾出现过较严重的污染问题，经过流域综合治理，现正逐步恢复其容颜。

一、太湖流域概况

太湖流域位于长江流域下游，包括太湖、滆湖、阳澄湖、淀山湖、洮湖、澄湖六个大中型湖泊，流域面积36895平方千米（见图8-1）。其中江苏19399平方千米，占52.6%；浙江12093平方千米，占32.8%；上海5178平方千米，占14%。另外，还涉及安徽225平方千米，仅占0.6%。

太湖流域以平原为主，占总面积的4/6，水面占1/6，丘陵和山地占1/6。三面临江滨海，地形特点为周边高、中间低。太湖流域西部为天目山、茅山及山麓丘陵；中间为平原、洼地，包括太湖及湖东中小湖群；北、东、南三边受长江和钱塘江入海口泥沙淤积的影响，形成沿江及沿海高地。

太湖流域位于中纬度地区，属湿润的北亚热带气候区。气候具有明显的季风特征，四季分明。太湖流域属亚热带季风气候区，雨水丰沛，四季分明，夏季炎热。年平均气温14.9~16.2℃，年日照时数1870~2225小时。多年平均降水量1177毫米，多年平均水面蒸发量822毫米。2022年，太湖流域年降水量1099毫米（见表8-1），年降水频率约67%。

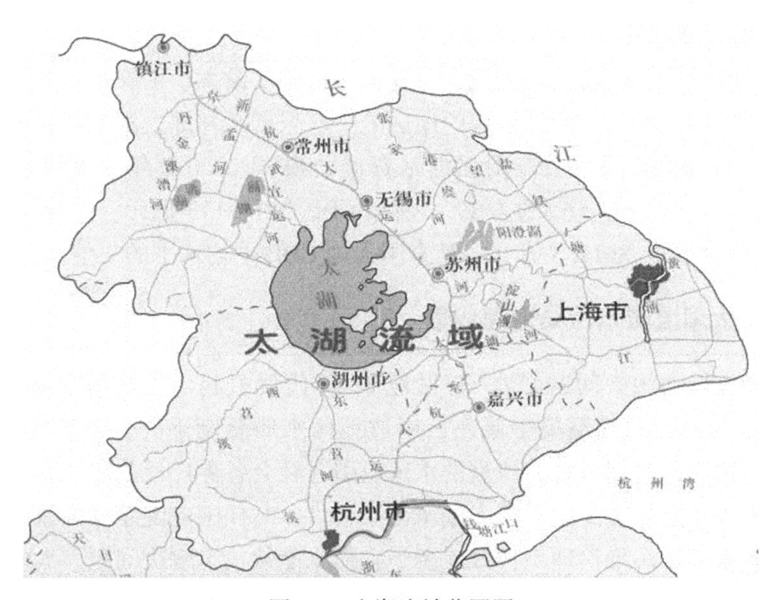

图 8-1　太湖流域范围图

资料来源：水利部太湖流域管理局

表 8-1　**2022 年太湖流域降水量及多年平均降水量**

分区	降水量（毫米）	降水总量（亿立方米）	多年平均降水总量（亿立方米）
太湖流域	1099	407.7	447.4
江苏省	956	184.7	218.7
浙江省	1314	162.7	166.4
上海市	1114	57.7	59.3
安徽省	1138	2.6	3.0

数据来源：水利部太湖流域管理局

太湖流域多年平均水资源总量 188.2 亿立方米。2022 年太湖流域地表水资源量 141.6 亿立方米，地下水资源量 42 亿立方米。扣除地表和地下水重复计算量，2022 年太湖流域水资源总量 157.1 亿立方米，较多年平均偏少。

太湖流域河网如织，湖泊星罗棋布，水面总面积约 5551 平方千米，水面面积在 0.5 平方千米以上的大小湖泊共有 189 个，湖泊面积 40 平方千米以上的有6个。流域内河道总长约12万千米，河网密度每平方千米3.3千米，出入太湖河流228条。

太湖流域是长三角核心区域，是我国人口密度最大、工农业生产发达、国内生产总值和人均收入增长最快的地区之一。根据水利部太湖流域管理局发布的《2022年度太湖流域及东南诸河水资源公报》①，2022年太湖流域总人口6825万人，占全国总人口的4.8%；流域GDP为118173亿元，占全国GDP的9.8%，人均GDP为17.3万元，是全国人均GDP平均水平的2倍。

二、太湖流域水污染治理背景

太湖流域的污染问题早在20世纪80年代就引起学者和有关部门注意，2007年5月，太湖蓝藻集中暴发，周边地区水质急剧下降，鱼虾大量死亡，居民生活饮用水受到威胁，严重的水危机引起社会各界广泛关注。

党中央、国务院高度重视太湖水污染事件，时任国务院总理温家宝作出重要批示：太湖水污染治理工作开展多年，但未能从根本解决问题。太湖水污染事件给我们敲响了警钟，必须引起高度重视。要认真调查分析水污染的原因，在已有工作的基础上，加大综合治理的力度，研究提出具体的治理方案和措施。国务院在无锡召开的太湖水污染防治工作座谈会，对做好太湖流域城镇供水安全及太湖流域水污染综合治理工作进行部署。根据国务院工作部署，国家发展改革委会同江苏省、浙江省、上海市联合启动了《太湖流域水环境综合治理总体方案》（以下简称《总体方案》）的编制工作，于2007年完成了《总体方案》的起草工作。

2008年4月，国务院批复通过《总体方案》，进一步确定了综合治理区范围：江苏省苏州、无锡、常州和镇江4个市共30个县（市、区），浙江省湖州、嘉兴、杭州3个市共20个县（市、区），上海市青浦区的练塘镇、金泽镇和朱家角镇，总面积3.18万平方千米。根据对饮用水水源地、太湖湖体、入湖河流的污染4程度，确定了重点治理区，范围包括江苏省22个县（市、区），浙江省10个县（市、区），上海市3个镇，面积1.96万平方千米，占综合治理区总面积的61.64%。

作为太湖水环境综合治理的指导性文件，《总体方案》明确提出“确保饮用水安全”和“确保不发生大面积水质黑臭”的“两个确保目标”。根据

---

① http：//www.tba.gov.cn/slbthlyglj/szygb/content/69a85bb6-b553-41b6-beef-c394db1a5215.html.

《总体方案》，太湖流域水污染治理以化学需氧量、氨氮、总磷和总氮为污染物控制指标。水体水质控制指标为高锰酸盐指数、氨氮、总磷和总氮。对于消除河道水体黑臭，化学需氧量和氨氮是主要控制对象；对于消除太湖富营养化，总磷和总氮是主要治理对象，其中总磷是关键的控制指标。

基于到2012年太湖流域治理阶段性目标已经实现成效，经国务院同意，国家发展改革委联合三省市修编了《总体方案》。修订后的总体方案除对水质目标和总量排放目标相关达标要求进行更新外，2013年新修订的指标体系更为具体、细致，且首要强调了保障饮用水安全目标。经过几年努力，主要规划目标均已达成。为深入贯彻习近平生态文明思想，按照党中央、国务院决策部署，进一步巩固太湖流域水污染治理成效，2022年国家发展改革委、自然资源部等六部门印发了新一轮《总体方案》。2022年的《总体方案》明确，到2025年，太湖流域水环境综合治理成效持续巩固，入河湖污染物大幅削减，滨湖湿地带逐步恢复，湖泊富营养化程度和蓝藻水华暴发强度得到基本控制，水生态环境质量明显改善，水资源配置格局持续优化，饮用水安全保障水平进一步提高。到2035年，基本实现入太湖污染负荷与环境容量之间的动态平衡，流域水生态环境根本好转，与水资源水环境承载能力相适应的生产生活方式总体形成，率先实现人与自然和谐共生的现代化，基本满足人民群众对优美生态环境的需要①。

《总体方案》为两省一市太湖流域水污染治理的实施方案出台提供了强有力的参考和保障。各省市依据《总体方案》分别编制出台了实施方案，进一步将流域水污染治理任务分解落实。如江苏省印发了《江苏省太湖流域水环境综合治理实施方案》《江苏省太湖流域水环境综合治理湿地保护与恢复方案》《江苏省"十三五"太湖流域水环境综合治理行动方案》《江苏省太湖水环境治理专项行动实施方案》《江苏省太湖水污染防治条例》《江苏省太湖流域水环境综合治理省级专项资金和项目管理办法》《江苏省太湖蓝藻暴发应急预案》等文件，保障《总体方案》目标分解落实。浙江出台了《浙江省太湖流域水环境综合治理"三大清水环境工程"实施方案》《杭嘉湖区域水利综合规划》《浙江省人民政府关于进一步加强太湖流域水环境综合治理工作的意见》《浙江省人民政府办公厅关于印发浙江省应对太湖蓝藻保障饮用水安全应急预案的通知》等相关文件；上海出台了《上海市太湖流域水环境综合治理实施方案》《上海市人民政府关于禁止在吴淞江工程（上海段）建设范围内新

---

① https：//www.ndrc.gov.cn/fggz/fgzy/xmtjd/202207/t20220706_1330155.html.

增建设项目和迁入人口的通告》《上海市青浦区人民政府关于成立青浦区太湖流域水环境综合治理工作推进小组的通知》等文件。这些文件的出台为太湖流域水污染治理提供了坚实保障。

三、太湖流域水污染治理成效及经验

（一）治理成效

《总体方案》实施以来，污染物处理能力得到快速提升，流域污染物大幅削减，饮用水源地水质明显好转，富营养化程度减轻，流域水环境有所改善，城乡人居环境有了很大变化，太湖治理取得了明显的阶段成效，基本实现近期目标。

一是湖泛防控和饮用水安全保障目标顺利实现。近年来，整个流域没有发生饮水安全事件，由于蓝藻暴发引起的饮用水安全问题已经得到控制，大面积蓝藻水华暴发的聚集程度明显减轻。连续 14 年实现了饮用水安全、太湖水体不发生大面积水质黑臭的“两个确保”目标。监测数据显示，2011 年太湖蓝藻水华最大面积 505 平方千米，较 2007 年减少 52%。2020 年太湖湖体水质由 2007 年劣 V 类水质跃升两个等级至 IV 类水质。

二是产业结构不断优化升级。两省一市大力推进产业结构的调整和升级，执行了严于全国其他地区的 13 个重点行业特别排放标准和造纸行业水污染物排放新标准。江苏省苏锡常三市分别确定以新能源、新材料、节能环保、电子信息、生物医药等为主的战略性新兴产业，2010 年苏锡常核心区新兴产业实现工业产值 1.44 万亿元。浙江省严格环境准入制度，2011 年杭嘉湖地区累计关停并转重污染企业 82 家，并确定 112 家企业实施强制性清洁生产审核。

三是城镇污水处理体系基本形成。以江苏省为例，共形成 633 万吨/日的污水处理规模，配套管网建成 12220 千米，城镇污水处理厂平均运行负荷率为 75%。提标改造工程每年削减化学需氧量 1.09 万吨、氨氮 0.33 万吨、总氮 0.54 万吨、总磷 0.05 万吨；新（扩）建工程每年削减化学需氧量 28 万吨、氨氮 1.87 万吨、总氮 2.33 万吨、总磷 0.33 万吨。浙江省太湖流域设区市污水处理率达到 86.8%。上海市太湖治理区域城镇污水处理率达到 90%。

四是引江济太工程发挥积极作用。2007 年以来，引江济太共调引长江水 113.98 亿立方米，入太湖 52.98 亿立方米，通过太浦闸向下游地区增加供水 77.94 亿立方米，不仅缓解了流域水资源紧张状况，也促进了水体流动，有效抑制了蓝藻暴发，有利于太湖水质改善。

五是流域水环境质量明显改善。通过综合治理，特别是点源污染治理、船舶污染控制、退渔还湖和退垦还湖等，污染物大幅削减。相对于 2007 年，2020 年太湖流域污染物高锰酸盐指数、氨氮、总磷、总氮 4 项水质质变分别降低 15.6%、86.8%、25.7%和 54.8%，2020 年太湖湖体水质除总氮外，其他指标达到Ⅳ类以上；水体由 2007 年的重度富营养化改善为 2020 年的轻度富营养化；流域内 22 条主要入湖河流水质全部达到 III 类及以上；河网水功能区达标率由 22.5%上升至 82.5%；19 个断面水质达到或优于 III 类，124 个重点断面达标率为 97.5%，较 2007 年提高 59.8%。

（二）主要经验

回顾十多年的历程，太湖流域综合治理主要有如下几条经验：

一是产业结构调整是减少污染源的重要举措。调整产业结构，转变经济发展方式，可以有效减少污染源。两省一市通过关停污染企业，严禁新建高污染、高消耗项目，积极发展高技术、高效益、低消耗、低污染的“两高两低”产业，取得了明显效果。江苏省关停了 500 多家重污染企业，化学需氧量年排放量减少了 235 吨；256 家印染企业实现了达标排放，化学需氧量年排放量减少了 8400 吨。浙江省“十五”以来，由于环保原因否决了大量建设项目。上海市严格控制水源保护区内新建工业企业。

二是综合治理是污染防治的基本途径。十年的污染治理，逐步摸索形成了综合治理的模式。把工业点源、农业面源、城镇生活污水治理，以及产业结构调整、生态修复、“引江济太”、加强监测等措施结合起来，多管齐下，使治理工作取得明显进展。在统筹规划、综合治理的同时，突出重点，针对农村面源污染严重的实际，江苏省大力推进农村“三清一绿”工程，浙江省积极开展农村环境“五整治一提高”工程，使综合治理更富成效。

三是科技进步是推进水环境综合治理的重要支撑。太湖水环境综合治理任务复杂而艰巨，治理富营养化更为困难，许多工作缺乏经验，需要探索和示范。有关部门和地方实施了水污染控制和水体修复技术示范、农业面源污染控制示范、水生植被恢复示范等科技项目。例如：江苏省五里湖底泥生态疏浚，十八湾环太湖湿地公园生态修复，浙江省安吉县农村综合治理示范工程等都起到了积累经验、树立信心的作用。

四是运用经济杠杆是减少污水排放量的有效手段。提高水价，包括水资源费、污水处理费和排污费，可以起到节约用水和节能减排的作用。两省一市运用经济杠杆，率先调整水价，促进了节水，减少了排污。

五是合力治污是治理工作取得成效的基本保证。长江三角洲地区市长联席会议将地区水污染防治纳入会议内容，并建立了协调协商机制，取得了一定成效。在苏州盛泽镇纺织厂严重污染事件中，苏、浙两省友好协商，较好地解决了省际污染纠纷。事实证明，合力治污是治理工作取得成效的基本保证。

四、深化太湖流域综合治理的对策建议

太湖流域主要地跨三省市，要以习近平新时代中国特色社会主义思想为指导，深入落实长三角一体化发展战略，认真实施新一轮《太湖流域水环境综合治理总体方案》，加强区域协调融通，进一步加强太湖流域综合治理。我们建议：

（一）改革流域管理体制，调整综合治理模式

太湖流域的跨地区性特征使得各行政单位存在协同难、协调难的问题，因此针对流域治理问题，需要基于整体思想，高屋建瓴，从体制机制加以破解。在目前已逐步形成的太湖流域统一管理与行政区域管理相结合的管理体制基础上，应着重强调向以流域管理为主、区域管理为辅的新管理体制和架构转变，打破太湖流域现有行政区划的限制，以生态特点为依据重新划分管理区域，以流域整体利益为前提，建立水污染的跨区域垂直管理体制。建立一个权威高效的太湖流域跨行政区域水环境协同管理机构，确保流域各地区、各部门能够统一规划、统一管理、统一实施，加强地区之间、部门之间协作，合力治理水污染，降低治污成本，提高治污效率。

（二）调整产业结构和布局

在调整产业结构方面，制定、执行禁止和限制在太湖流域发展的产业、产品目录，运用经济、法律和必要的行政手段，开展重点行业污染专项整治，限制、淘汰落后产能；限制不符合行业准入条件和产业政策的生产能力、工艺技术、装备和产品。对新上项目实施严格的环境保护审批制度，纺织染整、化工、造纸、钢铁、电镀及食品制造（味精、啤酒）等重点工业行业新上项目审批严格执行《太湖地区城镇污水处理厂及重点工业行业主要水污染物排放限值》。停止审批含氮和磷等污染物排放的新增建设项目，对限制类新建项目新增污染物必须通过老企业减排的两倍总量置换，实施“减二增一”。

大力发展循环经济，推行清洁生产。推进循环经济和清洁生产试点，探索不同类型、不同层次的循环经济模式，培育符合循环经济和清洁生产发展要求

的示范工业企业、示范工业园区和示范城市，引导各级各类开发区开展生态产业园建设。培育和发展多种形式的高新技术产业群、高新技术产品群和高新技术产业基地，重点培育和发展节能环保、新一代信息技术、生物技术、高端装备制造、新能源、新材料、新能源汽车等战略性新兴产业。

在优化产业布局方面，规定在太湖沿岸和主要入湖河道沿线进行建设项目选址时，要严格执行国家环境保护相关法律法规关于禁建（养）和限建（养）的规定。优化城乡布局，加快城镇化建设，根据环太湖地区城镇化和城乡人口结构变化趋势，优化太湖流域城乡布局，发展紧凑型都市圈，科学合理地确定村镇布局和规模，完善城乡功能网络。加强规划环评，从资源环境承载力和生态功能分区等角度优化城乡发展规划，实现城市与区域的整体联动，人口向城镇集中，产业向园区集中，提高区域性治污设施共建共享水平，形成有利于水环境综合治理的城乡布局。

（三）提高工业企业清洁生产水平

在加强工业污染末端治理的同时，推行清洁生产，注重污染预防，从源头和全过程减少污染物的产生。在产品设计、原材料选用、生产过程控制、废物综合利用等环节，全面节约资源能源，减少废物产生。对流域内重点企业依法实行强制性清洁生产审核，并向社会公布企业名单和审核结果。对流域内纺织染整、化工、造纸、钢铁、电镀、食品（啤酒、味精）等重点行业，实施清洁生产水平提升工程。对新建、改建项目，其指标不应低于清洁生产评价指标体系中的“清洁生产先进企业”水平。

加强集中式污水处理设施建设，提高工业废水集中处理能力。各类开发区须配备完善的环境治理设施，加强工业废水和固体废物的收集和处理。加强管网建设，实施雨污分流。有条件的中小型企业都要迁入工业园区或开发区，推进废污水的循环利用和再生利用。

加强监督管理，提高环保执法力度。开展各项环保专项执法检查，利用环境监控平台加强网上监管，对安装在线监控设备的省市重点污染企业、饮用水源地及太湖生态监控点进行实时监控。加强对污染源的监督监测，增加监测频次，对连续监测不达标的企业通过媒体给予公开曝光。

第二节 巢湖流域综合治理

巢湖流域是皖江城市带和合肥都市圈核心区域，面临发展与保护双重压力。巢湖作为地处人口密集地区的大型浅水湖泊，目前水多、水少等老问题仍未从根本上解决，同时伴随着流域快速发展，水脏、水滞等新情况又加快凸显，是我国水资源、水环境、水生态等水问题较为集中和复杂的典型流域。经长期不懈的努力，巢湖流域防洪保安、供水保障、环境保护等工作取得了明显进展，但成效并不稳固，尚需进一步加强流域综合治理。2020 年 8 月习近平总书记视察安徽时强调，“八百里巢湖要用好，更要保护好、治理好，使之成为合肥这个城市最好的名片”。① 这为巢湖综合治理和绿色高质量发展指明了方向。

一、巢湖流域概况

巢湖流域总面积 13544. 70 平方千米，其中合肥市辖巢湖流域面积 7347. 1 平方千米，占巢湖流域面积的 54. 24%。流域土地利用以耕地为主，占流域总面积的 60. 12%，其次为林地、占 17. 87%，建设用地占 12. 79%，水体占 9. 17%，草地占 0. 05%。其余面积归属六安市舒城县、芜湖市无为县。沿湖共有河流 35 条。其中较大的河流有杭埠河、白石天河、派河、南淝河、炯炀河、柘皋河、兆河等。从南、西、北三面汇入湖内，然后在合肥市代管的巢湖市城关出湖，经裕溪河东南流至裕溪口注入长江（见图 8-2）。

流域年均地表水资源总量 53. 6 亿立方米，其中巢湖闸上的水资源丰枯和水质优劣是流域水资源状况的研究重点。巢湖闸上年均入湖水量 34. 9 亿立方米，最大为 1991 年的 89. 4 亿立方米，最小为 1978 年的 7. 9 亿立方米，入湖水量年际变化达 11 倍。大部分入湖水量在汛期或汛后注入长江干流，年均出湖水量 30 亿立方米，最大为 1991 年的 85 亿立方米，最小为 1978 年的 1 亿立方米。在巢湖入湖支流中，杭埠河、南淝河、白石天河等 3 条河流入湖径流量占 75%以上，其中杭埠河注入巢湖的水量最大。总体上看，巢湖流域具有人均水资源占有量少、丰枯变化大、空间分布不均的特点，干旱年份或季节入湖河道经常断流。

巢湖水源主要来自大别山区东麓及浮槎山区东南麓的地面径流，现有大小河流 35 条，呈向心状分布，河流源近流短，表现为山溪性河流的特性。巢湖流域涉及安庆岳西县，六安舒城县、金安区，合肥肥东县、肥西县、长丰县、包河区、瑶海区、庐阳区、蜀山区、庐江县、巢湖市，马鞍山含山县、和县，芜湖无为县等 5 市 15 县（市、区）。其中巢湖闸以上来水面积 9153 平方千米、

① 习近平：让八百里巢湖成为合肥最好的名片［EB/OL］. 中国政府网，2020-08-20.

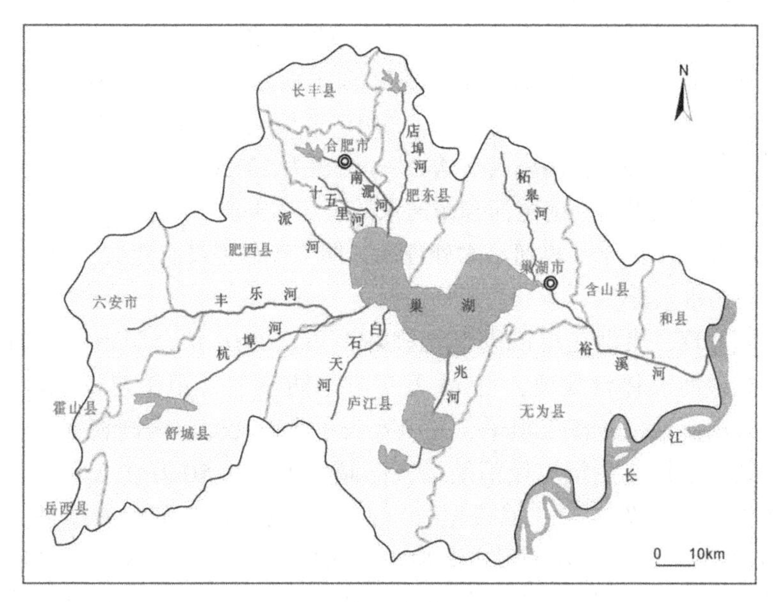

图 8-2　巢湖流域范围图

巢湖闸下 4333 平方千米。巢湖闸上主要入湖支流有杭埠河、丰乐河、派河、南淝河、柘皋河、白石天河、兆河等，呈放射状汇入巢湖，裕溪河是巢湖洪水的主要入江通道，其进出口分别建有巢湖闸和裕溪闸两座大型水闸，控制着巢湖和巢湖闸下的内河水位。

二、巢湖流域水污染治理背景

20 世纪 80 年代以来，巢湖水污染逐步加重，成为国家重点治理的“三河（淮河、海河、辽河）三湖（太湖、巢湖、滇池）”之一。由于巢湖水域跨当时的合肥、巢湖两市，且治理巢湖牵涉到工业、农业、环保等多个部门，这种“九龙治水”的局面一定程度上造成治理和保护难度加大。2011 年 8 月安徽省正式对外宣布撤销巢湖市，并对原地级巢湖市所辖的一区四县行政区划进行相应调整，分别划归合肥、芜湖、马鞍山三市管辖。也正是因为这一行政区划的调整，将中国五大淡水湖之一的巢湖主要流域集中于合肥市。成立安徽省巢湖管理局，但由于职能交叉，权责不清，监管不力，体制优势没有得到发挥，以水污染为主要特征的环保问题仍然存在。

2017 年 4 月 27 日至 5 月 27 日，中央第四环境保护督察组对安徽省开展环境保护督察。7月29日，中央第四环境保护督察组向安徽省委、省政府反馈督察意见，巢湖问题成为督察组关注的重点问题之一。督察组指出：《巢湖流域水污染防治条例》出台后，条例规定的有关要求基本没有落实，甚至仍然大量违法开发建设。巢湖水华高发，2015年最大水华面积321.8平方千米、占全湖面积的42.2%，2016年水华最大面积为237.6平方千米、占全湖面积的31.2%；十五里河、南淝河和派河水质长期劣Ⅴ类，3条河流入湖污染物巨大。2013年立项的十五里河污水处理厂三期工程迟迟没有建成，导致每日约6万吨生活污水直排。

督查发现，巢湖北岸滨湖湿地破坏严重。2016年合肥市滨湖新区违法审批，损毁防浪林台湿地，将14万平方米防浪林台用作建筑垃圾消纳场。防浪林台内湿地已被渣土填平，完全丧失了生态功能。滨湖新区还将派河口天然湿地违规用作建筑垃圾消纳场，已倾倒土方约50万立方米，占用湿地60万平方米。另外，渡江战役纪念馆西侧湿地也陆续被土方填埋，损毁湿地约16.8万平方米。除了侵占湿地，湖面也被侵占。2013年，合肥市实施巢湖沿岸水环境治理及生态修复工程，将原本连成一片的湿地从中隔断，预留部分区域作为滨湖新区旅游码头用地。2014年又以实施滨湖湿地公园工程名义，在近两千米的湖岸违法建设“岸上草原”项目，还以建设防波堤名义围占湖面，以保护之名，行开发之实，其中约2000亩湖面已经用作旅游开发。

督察还指出升金湖和瓦埠湖的问题。据通报，升金湖国家级自然保护区核心区和缓冲区违法违规新建、扩建大量旅游、畜禽养殖、房地产项目，水质从2013年的Ⅱ类下降到2016年的Ⅳ类。瓦埠湖饮用水水源地、宿松华阳河湖群省级自然保护区围网养殖面积大幅度超过控制要求，水质下降明显。①

此外，巢湖水封闭性大，湖水更新循环较慢，导致大量营养性污染物滞留湖内，生态环境失调，加速其富营养化进程，这是水华产生的直接原因。

三、打响巢湖综合治理攻坚战

2018年12月，安徽省人民政府办公厅印发《巢湖综合治理攻坚战实施方案》，合肥市人民政府出台《巢湖综合治理绿色发展总体规划（2018—2035年）》。2022年3月，合肥出台《合肥市“十四五”巢湖综合治理规划》。巢

① 王硕．中央环保督察组：巢湖流域水环境污染，74万平方米滨湖湿地成垃圾消纳场，更震惊的是……［N］．新京报，2017-07-30.

湖综合治理，吹响了集结号，打响了攻坚战。

(一) 全面推进水安全水生态工程建设

在原有流域防洪工程体系基础上，以处置流域超额洪量为重点，加快环湖防洪治理，努力提高流域洪水外排能力。科学设计堤防加固、崩岸治理、防浪林台建设项目，严格控制湿地占用。实施巢湖环湖防洪治理工程，加固堤防84千米，治理崩岸38.7千米，新建和加固防浪林台33.55千米。实施牛屯河分洪道治理工程，将原设计防洪流量455m^3/s调整到1000m^3/s，成为流域正常排水通道。经过建设，巢湖流域基本形成了“上拦、下排、边分、固堤”的防洪格局，上游修建了控制山洪的龙河口、董铺、大房郢三座大型水库，环湖构筑了防御湖洪的巢湖大堤，下游出口兴建了拒江倒灌的裕溪闸和排泄内洪的凤凰颈泵站以及开挖了抢排巢湖洪水的牛屯河分洪道。加固了抗御长江洪水的无为大堤、和县江堤，整治了南淝河、裕溪河、西河、兆河等支流河道和开辟了东大圩蓄洪区，形成了重要城镇、重要圩口防洪堤圈等，巢湖流域防洪工程体系基本形成，在抗击历次流域大水中发挥了巨大防洪减灾效益。尤其是，2020年特大洪水（中庙站水位13.43米）淹没面积710.9平方千米，仅相当于1991年（中庙站水位12.80米，淹没面积2727平方千米）的26%，综合减灾效益在1000亿元以上。

高标准实施环巢湖生态保护与修复三、四期工程，开工建设五期工程，加快推进六期工程前期工作。2019年，持续实施环巢湖生态保护与修复三期、四期、五期工程，开展六期工程初步设计编制。2020年，全面推进四期、五期工程，开工建设六期工程。

加强湖库水生态系统保护。加强董铺水库、大房郢水库等重要水源地及生态脆弱区水源涵养林和生态防护林建设。建设多塘生态系统，逐片、逐级净化水质，削减入河入湖污染负荷。建设巢湖水生植物净水示范区、滤食性鱼类生物控藻示范区，保护巢湖鱼类产卵场、索饵场、越冬场，合理构建鱼类洄游通道，持续开展有针对性的渔业资源增殖放流。巢湖渔业生态市级保护区逐步施行全面禁捕，保护区内的捕捞渔民全部退出捕捞。

(二) 加强水污染防治

实施重污染河流治污大会战。深入分析南淝河、派河、十五里河、双桥河污染成因，实施“一河一策”治理。围绕雨污分流、截污纳管、建厂处理、达标排放的目标，加快海绵城市建设，开展城市排水管网排查与整治、初期雨水收集与处理，建立入河入湖固定污染源清单，扎实推进入河排污口整治，全面规范排水管理，大力削减城市面源污染物负荷。按照配套管网先行、厂管一体化建设的原则，加快污水收集管网建设，全面完成城市建成区雨污混接整治。建设河流入湖水质旁路净化工程，实施河道生态补水，满足河流生态水量，确保国控考核断面水质达标。实施重污染河流集中整治，建立定期调度机制，加快推进治理项目规划设计和工程建设，实施生态补水、河道底泥生态清淤等工程。

强化城镇污水处理厂脱氮除磷。新建城镇污水处理厂、现有城镇污水处理厂严格执行《巢湖流域城镇污水处理厂和工业行业主要水污染物排放限值》标准。建成合肥市十五里河污水处理厂四期工程、小仓房污水处理厂三期、陶冲污水处理厂二期工程。健全乡镇污水处理厂配套管网，强化乡镇污水处理设施运营管理，实现乡镇污水处理设施全覆盖。

集中治理工业集聚区水污染。强化巢湖流域经济技术开发区、高新技术产业开发区、出口加工区等工业集聚区污染治理。集聚区内工业废水必须经预处理达到集中处理要求，方可进入污水集中处理设施。新建、升级工业集聚区应同步规划、建设污水、垃圾和危险废物集中处理等污染治理设施。实施重点水污染行业废水深度处理，严格执行化学需氧量、氨氮、总氮、总磷 4 项主要污染物排放限值和基准排水量限值。采取关停取缔、限期搬迁、停产整治等措施对各类开发区内违规排放和环境污染问题突出的企业进行分类整治。

推进畜禽养殖废弃物资源综合利用。严格控制畜禽、水产养殖污染物排放，强化巢湖流域畜禽禁养区管理，持续推进“三线三边”环境治理。巢湖沿湖岸线 5 千米范围内畜禽规模养殖场养殖设施全部整改达标，非规模化畜禽养殖污染得到有效控制。深化农业面源污染管控。实施化肥、化学农药减量和替代措施，推动科学合理施肥施药，推进化肥、化学农药使用量“零增长”行动。加强农作物病虫草害绿色防控和专业化统防统治。推进内源污染治理。在维护湖体生态系统稳定的前提下，精准实施湖底污染底泥处置。加快南淝河、派河、杭埠河等河口清淤，实施重污染入湖河流污染底泥清淤和处置，削减河湖污染存量。完成巢湖湖盆地形测绘、巢湖流场模型研究、巢湖流域地理国情数据库及展示平台建设。

大力保护清水廊道。坚持保护优先，通过依法设置隔离带、雨污分流和污水截流、畜禽禁养等措施，加大淠河总干、滁河干渠、大蜀山分干渠等重要输水渠道水质保护力度，避免污水和垃圾入渠，保障城市清洁饮水。采取治污、截污、控污等综合措施，加强对杭埠河、丰乐河等巢湖清水来源河道和兆河、白石天河、小合分线、派河等引江济淮输水通道水质保护，控制并减少入河污染负荷，确保水质符合要求。在省级巢湖湖（河）长制领导框架下，加强跨界河流和流域联防联控，开展杭埠河、丰乐河流域水质水量联合监测、联合巡查。

加强巢湖蓝藻应急防控。强化巢湖蓝藻发生机理和形成条件研究。综合运用高分辨率卫片、无人机、实时视频等技术手段，及时掌握蓝藻发生发展状况，2019 年完成蓝藻水华预警系统建设，探索实施蓝藻水华短期预测。完善蓝藻水华防控应急处置预案，加强蓝藻日常打捞处理，加大藻水分离港建设力度，充分利用藻水分离设施设备提高蓝藻无害化处理能力。

在流域经济总量和城市人口快速扩张的巨大压力下，2020 年巢湖全湖平均水质由 2019 年的Ⅴ类好转为Ⅳ类，氨氮、化学需氧量、总磷浓度均值分别同比下降 10.3%、23.8%、2.6%，蓝藻水华初步得到遏制。国控断面年度水质达到考核要求比例由 2012 年（11 个国考断面，3 个通过考核）的 27.3%提高到 2020 年（15 个国考断面，15 个通过考核）的 100%，呈现逐步好转态势。① 2022 年，巢湖蓝藻水华累计发生面积 1203 平方千米、最大发生面积 133 平方千米，同比分别下降 50.1%、53.1%，均为近 5 年最低值。2023 年 1—4 月，巢湖水质稳定在Ⅲ类。②

（三）开展环巢湖生态屏障建设和生态修复

构建环巢湖生态屏障。开展入湖河口生态湿地建设，结合环湖生态防护林建设，恢复和保护鸟类等野生动物栖息地，形成环湖“多片、多带、多廊”的生态格局，构建保护巢湖的天然生态屏障。严格控制环湖村庄建设，逐步减少一级保护区内人口规模。现已建成环湖生态湿地和生态防护林，形成环湖生态绿廊。

实施环巢湖地区矿山修复。实施矿山复绿工程，大力恢复采矿山体和采矿坑植被，培植乔灌木林，推动废弃矿山治理。大力推进富磷山体治理与修复，通过覆土改造、水土保持、雨水收集等措施，控制富磷地层对巢湖及其支流的磷物质输入。加快肥东县马龙山等富磷废弃矿山、环巢湖区域 52 座露采废弃

---

① 合肥市发展和改革委员会．合肥市“十四五”巢湖综合治理规划［EB/OL］．合肥市发展和改革委员会网，2022-03-25.

② 潘子璇．安徽省将加快实施新一轮巢湖综合治理［EB/OL］．中安在线，2022-06-06.

矿山以及巢湖市曹家山等石灰石矿山和庐江县钟山铁矿、矾矿矿山的治理修复，使环巢湖生态破坏严重山体修复覆绿，水土流失得到有效控制。

实施环巢湖湿地保护修复工程。每一条入湖河流规划建设一个湿地，守住入湖水质最后一道防线。构建完整的巢湖梯级湿地体系，加大流域湿地保护和修复力度，提高水体自净能力。加快推进以国家级、省级及市级湿地公园为核心的环巢湖湿地公园群建设，推进主要入湖河流湿地建设，强化湿地内部结构功能设计，加大湿地植被修复力度，提升环巢湖周边湿地净化功能。

（四）科学合理配置和利用水资源

增强流域水资源调配能力。统筹巢湖当地水源和淠史杭灌区、驷马山灌区、长江干流水源，构建“淠水东送、江水西引、分类配置、分质供水、优质优价”的多水源配置格局。在继续实施淠水入肥的基础上，全力推进引江济淮等工程建设，实现“四水汇肥”，保障城镇居民安全饮水，促进河湖水体有序流动。加快推进驷马山灌区江水西引工程、龙河口水库引水工程建设。

科学实施生态补水。合理确定河道生态流量，维持河湖基本生态用水需求。通过董铺、大房郢等水库优化调度和淠河灌区、驷马山灌区水量调配，在干旱季节为南淝河、十五里河等补充基本生态需水。兼顾防洪、供水、航运等功能利用，实施有利于增加湖区水动力条件的流域调度方式和有利于湿地出露及植物生长的水位调控办法。开展南淝河生态补水论证试验，研究建立常态化调水机制。

积极推行节水减排。严格落实水资源管理“三条红线、四项制度”，强化用水总量和强度双控指标落实，建立用水总量控制预警机制，严格控制入湖排污总量。推进节水型社会建设，明确再生水利用措施。全面推广农业高效节水灌溉技术，实施行业用水定额管理，不断降低万元 GDP、万元工业增加值的新鲜水耗，全面提升农田灌溉水有效利用系数。

四、进一步加强巢湖流域综合治理

流域各级政府要守土有责、守土尽责，把巢湖综合治理摆在重要位置。合肥市要发挥牵头责任，切实加强组织协调，切实履行生态环境保护职责，全面实施巢湖流域综合治理，推动长江经济带绿色低碳高质量发展。

（一）优化流域空间格局和产业布局

依法划定河湖管理范围，统筹生产、生活、生态三大空间，构建蓝绿交织、和谐自然的国土空间格局，逐步形成城乡统筹、功能完善的空间结构和疏密有度、水城共融的城市布局。根据流域经济社会发展总体目标，科学划定城镇、农业、生态空间和生态保护红线、永久基本农田控制线、城镇开发边界线，打造流域“山水林田湖草”生命共同体，确保流域内生态系统完整。加强巢湖流域水环境一级保护区监管，建立网格化监管机制，实行水污染防治联合执法。

严格产业结构布局管控。对巢湖流域产业和项目布局实行最严格的规划管控，出台巢湖流域氮磷总量控制方案，严守生态功能保障基线、环境质量安全底线、自然资源利用上线。编制空间规划前，探索进行资源环境承载能力评价和国土空间开发适宜性评价。编制相关开发利用规划时，应依法同步开展规划环评和水资源论证等工作，确定空间、总量、准入等管控要求，制定产业准入负面清单。将规划环评、水资源论证结论和审查意见作为规划决策的重要参考依据。

（二）完善体制机制，积极探索创新

借鉴推广新安江流域生态补偿机制试点经验，大力实施全流域生态补偿，有序引导流域各地减少排污，促进上游地区减少排污、改善水质。探索建立用水权、排污权初始分配及交易机制，引导企业、居民节约用水，实现源头减排。逐步建立常态化、稳定的财政资金投入机制，健全多元化环保投入机制。积极推动和实施绿色发展美丽巢湖法治建设，推动健全巢湖保护治理地方性法规体系。

加快推进“数字巢湖”建设，以地理空间信息、流域水情雨情、点源面源污染监控系统等为基础，进一步完善监测体系，建设信息共享数据库，建立巢湖数字流场，构建巢湖流域综合信息平台，实现对巢湖流域水环境的精准管理和有效实时监控。充分发挥巢湖治理专家咨询委员会和巢湖研究院作用，围绕巢湖治理、保护与绿色发展的重大技术需求，有针对性地开展基础研究、战略研究、集成研究、示范研究、试验研究，为巢湖综合治理提供智力支持。

（三）严格依法治湖，加强考核监督

探索按流域设置环境监管和行政执法机构，建立条块结合、各司其职的执法体系。加大执法力度，逐一排查流域内排污单位排污情况，对超标和超总量排放的依法限制生产或停产整治；对整治仍不能达到要求且情节严重的企业依法停业、关闭。严厉打击环境违法行为，对造成生态损害的责任者严格落实赔

偿制度。严肃查处巢湖流域水环境保护区内违法违规建设行为。

严格考核问责。加快建立以改善生态环境质量为核心的目标责任体系，分流域、分区域进行年度考核，并作为对领导班子和领导干部综合考核评价的重要依据。对未通过年度考核的，约谈政府及其相关部门负责人，情况严重的，依法实施建设项目环评区域限批。对因工作不力、履职缺位等导致未能有效应对水环境污染事件的，依法依纪追究有关单位和人员责任。严格执行《党政领导干部生态环境损害责任追究办法（试行）》，对不顾生态环境盲目决策，造成严重后果的领导干部，严肃问责、终身追责。

加强社会监督。以省级巢湖湖（河）长制为统筹，建设巢湖流域湖河信息发布系统，公布流域生态环境状况，巢湖及主要河流水环境质量、蓝藻预警监测、沿湖饮用水水源地水质状况等环境信息，接受社会监督。充分发挥新闻媒体和网络媒介作用，通过媒体曝光、电视问政等方式，督促流域各地、各部门履职尽责。深入推动环保宣传教育进社区、进学校、进企业、进乡村，大力宣传生态优先、绿色发展理念，提高公众对河湖保护工作的责任意识和参与意识，推动形成建设绿色发展美丽巢湖的浓厚氛围。

第三节　新安江流域综合治理

作为全国首个跨省生态保护补偿试点，安徽、浙江两省不断统一思想、深化认识，以建立健全新安江流域生态保护补偿机制为核心，以流域水生态环境保护作为首要任务，以绿色发展为路径，以互利共赢为目标，以体制机制建设为保障，探索了一条绿水青山变成金山银山的有效路径。

一、新安江流域概况

新安江，古称渐江、浙江，又称徽港，钱塘江水系干流上游段，发源于安徽黄山市休宁县境内，东入浙江省西部，经淳安至建德与兰江汇合后为钱塘江干流桐江段、富春江段，东北流入钱塘江，是钱塘江正源。干流长 373 千米，流域面积 1.1 万多平方千米（见图 8-3）。

亚热带季风气候为新安江流域带来了充足的降雨，其上游流经风景秀丽的皖南山区，植被覆盖率高，水量充沛，下游过新安江水库进入经济富庶的杭州。它是安徽省内的第三大水系，也是浙江省最大的入境河流和长三角重要的战略水源地。新安江流域的生态环境关系到两省的生态建设和用水安全，关乎长三角地区的可持续发展战略。

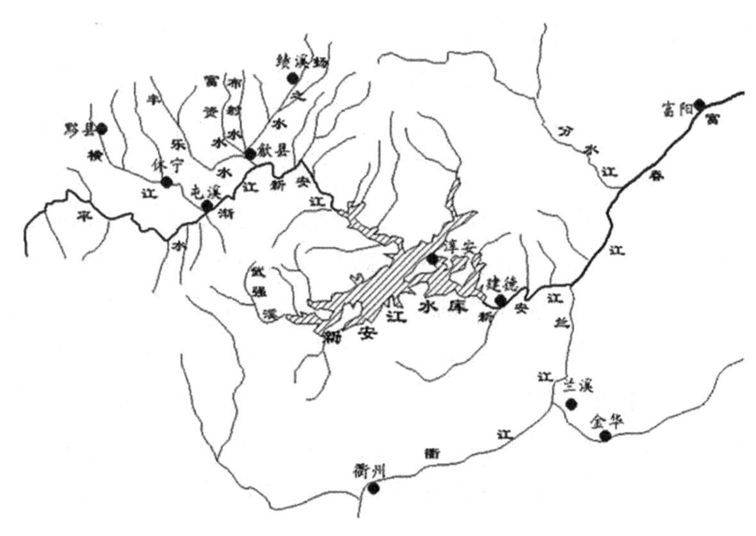

图 8-3 新安江水系图

新安江流域地处安徽省多雨中心，正常年降水量 1752 毫米，居全省首位，河系发育健全，河网密度大，亦居全省首位。尤其是左岸其河系发育程度和密度都优于右岸。在汇入新安江的各级支流中，河流长度在 10 千米以上的有 57 条；在 10 千米以下的达 586 条。可见其河网密度之大。

新安江流域的生态环境极佳，森林覆盖率高，空气清新，风景秀丽，呈现出山上营林、山麓植茶种果、水中养鱼的立体生态格局，与掩映其间的粉墙黛瓦的古村落、古民居交相辉映，是“画里青山、水中乡村”。沿江有白沙大桥、朱池、落凤山、千岛湖、梅城、刘长卿别墅、双塔凌云、新安江水库等胜迹。新安江作为国家级风景名胜区向有“奇山异水，天下独绝”之称。

二、新安江流域综合治理过程

中华人民共和国成立后，新安江流域的发展和治理大致可以分为三个阶段。在第一阶段，新安江流域的保护和开发都较弱，对流域环境的破坏主要是由过度农业开垦导致的沿岸水土流失①；在第二阶段，新安江上游开始进入工业化和城镇化的加速发展时期，为江水带来了污染，使得新安江水质恶化，富

① 安徽省地方志编纂委员会．安徽省志·自然环境志［M］．北京：方志出版社，1999：200-204.

营养趋势明显，威胁了水域中的鱼类生存和地区用水；随着2012年新安江流域生态补偿机制试点的正式实施，新安江流域的发展保护进入第三阶段，在一轮一轮的试点中，安徽省与浙江省携手合作，从资金补偿到产业协作，有效改善了新安江流域的总体水质，发展了沿岸的文化旅游产业，为生态补偿树立了标杆。

2010年千岛湖的湖面蓝藻引发了社会关注，也为新安江的环境治理拉响了警钟。安徽与浙江虽然在地理位置上毗邻，但经济发展状况却有很大差异。上下游的经济差距和行政壁垒为新安江的治理带来了难度，新安江流域的治理不仅仅要提升流域水质，还要协调地区发展，缓和生态保护和经济增长之间的矛盾。2012年在中央的指导和两省洽谈下，跨省合作建立生态补偿体系的方式被提出，财政部、原环保部、安徽省、浙江省正式签订《新安江流域水环境补偿协议》。这是生态补偿机制在继浙江省于2005年实施省内流域生态补偿后的又一次突破。

以3年为一轮进行试点，至今为止，新安江流域生态补偿机制试点已经完成了3轮。首轮试点为2012—2014年，设置补偿资金每年5亿元，其中3亿元为中央财政拨付给安徽，两省各出资1亿元，若年度水质达到考核标准，则由浙江拨付1亿元给安徽，否则相反。① 在首轮试点中，黄山市淘汰了高能耗高排放产业、加快产业转型、严格审批流程，从源头转变了粗放的发展模式，有效地改善了水质。第二轮试点为2015—2017年，在综合考虑水质情况和两省的经济状况后，提高了资金的补助标准和水质考核标准，重点推动新安江流域生态保护从末端治理向源头保护转变，从项目推动向制度保护转变，生态资源向生态资本转变。第三轮试点为2018—2020年，中央财政由直接出资转为统筹支持，两省每年各出资2亿元设立补偿基金，进一步提升水质标准，在水质考察中加大了总磷、总氮等指标的权重，提高了水质稳定系数，以此引导社会资本加大绿色产业投入，并逐步扩大补偿资金的使用范围。②

随着试点的不断推进，机制内容也在更新完善，每一轮都有新的提升和拓展。在首轮试点当中，协议对两省的经济差距考虑不足，补偿资金有限，对上

① 张海莺．跨省流域生态保护补偿怎么做？“新安江模式”给全国带来生动启示[EB/OL]．黄山市人民政府网，2023-05-04.

② 李俊杰，窦皓．一条江，打开人们思想文化空间[N]．人民日报，2023-08-30(1).

游地区的城市经济增长造成了压力，在后续的试点当中，提高了资金补偿标准，努力推动发展和保护的平衡。基于前两轮试点补偿制度不够灵活、内容形式单一的缺点，杭州与黄山加大协作力度，加强上下游产业人才合作，强化产业项目对接，深入探索园区共建、人才交流。

三、新安江流域综合治理成效

2023 年 6 月，黄山市与杭州市共同印发了《新安江流域水生态环境共同保护规划》，提出到 2035 年新安江流域成为美丽河湖建设的样本，流域综合治理进入新阶段。从试点到样本建设，新安江流域的治理成果体现在多个方面。

如今的新安江流域水质稳定向好，跨省界断面水质达到地表水环境质量Ⅱ类标准，连续 10 年达到生态补偿考核要求。2021 年，新安江流域水生态服务价值达 64. 5 亿元。在沿岸生态上，新安江岸线施行退耕还林还草，沿江 5993 只网箱全部退养，黄山市退耕还林 36 万亩，森林覆盖率由 77. 4%提高到 82. 9%，新安江流域湿地、草地等自然生态景观占比在 85%以上，以“万亩林海”涵养了“一江清水”①。

新安江流域上游的产业实现了绿色化转型。大力发展生态旅游、精致农业，积极对接长三角消费升级市场。两地共同建设有机茶叶、泉水鱼、油茶等特色农业产业基地，如浙江省淳安县鸠坑乡和安徽省歙县璜田乡签署《流域共治合作协议》，协同培育茶叶领域人才，选育优良茶种，开展跨区域旅游协作。2021 年，黄山市茶叶产值 40 多亿元，山泉流水养鱼产业综合产值突破 7 亿元②，践行了“绿水青山就是金山银山”的生态理念。

在文旅方面，新安江沿岸串联了多个 5A 级景区及传统村落。杭州、黄山两市联合印发《杭黄毗邻区块（淳安、歙县）生态文化旅游合作先行区建设方案》，明确“两镇做强、湖城支撑、串珠成链”的山水大画廊格局。以千岛湖景区为例，2021 年，淳安县全县接待国内外游客达到 932. 5 万人次，实现旅游经济总收入 154. 18 亿元③。

---

① 吴江海．“新安江模式”闪耀生态文明之光［EB/OL］．安徽省人民政府网，2021-06-15.

② 杨赛君．10 年拨付补偿资金 57 亿元 守护“一江碧水出新安”［EB/OL］．人民网安徽频道，2022-07-01.

③ 赵太泉，倪淑娟．千岛湖 不止于湖——精耕旅游产业四十年 结出累累硕果迎春来［N］．光明日报，2022-03-07（7）.

四、“新安江模式”的经验总结

安徽、浙江两省携手合作，共同探索出跨区域流域综合治理的成功做法，被称为“新安江模式”。总结其经验，主要有三点：

（一）兼顾地区差异

“新安江模式”尊重区域的客观情况，针对安徽省和浙江省的不同经济、生态条件和发展的主要方向，对生态保护和经济发展的协调给出了双赢的方案。流域治理涉及的区域范围广阔，河流湖泊往往为多个省市所共享，每个主体的立场不同，追求的利益也有差别，流域治理需要化解生态资源的区际冲突，把握整体流域内各个小区域的特点，结合区域需求制订合理的方案。

在新安江流域中，安徽省和浙江省就是大区域中存在鲜明差异的两个主体。对新安江安徽省段的居民而言，需要进行城市化和工业化建设，提高生活水平，发展沿岸经济。尽管粗放的模式会影响流域生态环境，但在没有资金支持和技术指导的情况下，产业的转型过程比较缓慢，这也造成了2010年之前，新安江上游水质的破坏。而对浙江段的居民来说，新安江水库提供了生活用水、丰富的旅游资源和水产资源，上游水质直接影响到水库的生态情况和经济效益，经济实力走在前列的浙江省愿意付出成本进行流域治理，且在上游的源头治理能够有效节约治理成本。这两个区域的条件和目标恰好能够互补，浙江省可以提供资金和技术支持，而安徽省也能够通过这种资源流动保护上游水质，需求和供给相匹配，生态补偿机制为这种交换提供了平台。

（二）建立有效激励机制

新安江的江水和沿岸的动物、植被给流域内带来了巨大的生态效益，提供了丰富的水产品、清新的空气、优美的山水景色等，但是生态效益的量化并非易事，如何衡量成本与收益是两地区进行合作交换前需要解决的问题。“新安江模式”给出了有效的经济激励，以一种“对赌”的方式调动了区域进行生态保护的意愿，为上游地区的产业转型提供了直接动力。

在前两轮试点当中，中央财政为上游地区治理的起步提供了帮助，安徽省和浙江省所签订的2亿元资金，作为一种奖惩制度，限定了主体的行为，直接联系了生态产品的供给方和需求方，提高了双方的积极性。

随着“新安江模式”取得成效，对整体流域而言，水质已经是综合治理的次要矛盾，而发展成为主要矛盾，在这种情况下，需要及时转变激励思路，加深上下游合作，设立更具有吸引力，对地区发展意义更大的奖惩制度，充分发挥地区的主观能动性。

（三）环境治理与产业共兴联动发展

流域治理是一个综合性的系统工程，“新安江模式”的成功不仅仅因为其有效的激励制度，要高效进行流域综合治理，还需要从源头控制污染，解决造成水质污染的动机。安徽省和浙江省在实行生态补偿机制的同时，进行区域产业协作，分享经验技术，有效促进了新安江上游的产业发展，加快了产业绿色化的进程。

纵观新安江流域的开发和保护历程，早期的污染之所以形成，是因为当地居民对经济发展的渴求，同时对环境保护重要性的认识程度不足。如果生态补偿机制仅仅停留在发达地区以资金换取生态资源，使落后地区放弃地方产业发展，这种保护只能利于一时。“新安江模式”的成功有赖于上下游的通力合作。上游地区采取充分措施，关停重污染企业，发展有机农业和生态旅游，建立环境友好型的产业体系，为居民带来了新的增收来源，从根源上削减了破坏新安江生态环境的动机。下游地区对上游进行产业帮扶，加强区域间资源共享，推进电商合作，联合策划营销推广活动，建立旅游合作交流制度，围绕重大活动、节庆、体育赛事等展开广泛交流，消除区际壁垒①。“新安江模式”为上下游地区都带来了不菲的经济效益，为流域生态保护提供了坚实的经济基础，强化了两地居民的生态保护理念。

① 刘青松，胡勘平，聂春雷，等．跨省流域生态补偿的新安江模式——基于生态补偿机制的新安江流域美丽河湖保护与建设调研报告［J］．中国生态文明，2023（Z1）：63-67.

参考文献

[1] Anass Barrahmoune, Youness Lahboub, Abderrahmene El Ghmari. Ecological footprint accounting: a multi-scale approach based on net primary productivity [J]. Environmental Impact Assessment Review, 2019, 77.

[2] Michael Jacobs. The green economy: environment, sustainable development and the politics of the future [M]. London: Pluto Press, 1991.

[3] Pearce, et al. Blueprint for a green economy: a report [M]. London: Earthscan Publications Ltd, 1989.

[4] OGG Studies. Green growth indicators 2014 [M]. Paris: OECD, 2014.

[5] Word commission on environment and development our common future [M]. Oxford: Oxford University Press, 1987.

[6] UNDP. 中国人类发展报告2002：绿色发展，必选之路 [M]. 北京：中国财政经济出版社，2002.

[7] 蕾切尔·卡逊．寂静的春天 [M]. 吕瑞兰，李长生，鲍冷艳，译．上海：上海译文出版社，2007.

[8] 德内拉·梅多斯，乔根·兰德斯，丹尼斯·梅多斯．增长的极限——罗马俱乐部关于人类困境的报告 [M]. 李宝恒，译．成都：四川人民出版社，1983.

[9] 白丽飞，徐林铭．黄河流域“四化”同步发展的区域格局及路径选择 [J]. 青海社会科学，2021（4）.

[10] 操小娟，龙新梅．从地方分治到协同共治：流域治理的经验及思考——以湘渝黔交界地区清水江水污染治理为例 [J]. 广西社会科学，2019（12）.

[11] 陈建军，黄洁．长三角一体化发展示范区：国际经验、发展模式与实现路径 [J]. 学术月刊，2019（10）.

[12] 程常高，周海炜，唐彦，马骏，石艳秋．横向生态补偿对流域环境治理的重要性——基于央地协同视角的考察 [J]. 中国管理科学，2023（9）.

[13] 程梅．湖北长江经济带建设的产业结构调整研究［J］．经贸实践，2016（8）．

[14] 诸大建．循环经济2.0：从环境治理到绿色增长［M］．上海：同济大学出版社，2009．

[15] 邓玲，李凡．如何从生态文明破题长江经济带——长江生态文明建设示范带的实现路径和方法［J］．人民论坛·学术前沿，2016（1）．

[16] 杜辉，杨哲．流域治理的空间转向——大江大河立法的新法理［J］．人民论坛·学术前沿，2021（4）．

[17] 杜耘．保护长江生态环境，统筹流域绿色发展［J］．长江流域资源与环境，2016（2）．

[18] 杜贞栋．深入学习贯彻落实党的二十大精神进一步推进山东省流域治理管理高质量发展［J］．山东水利，2023（1）．

[19] 方磊，宗刚，初旭新．我国内陆地区自贸区建设模式研究［J］．中州学刊，2016（1）．

[20] 冯萌．长三角流域跨界河流合作治理模式研究——基于整体性治理视域［J］．四川环境，2022（5）．

[21] 傅晓华．基于生态正义的流域治理区际补偿理论辩解与实践探索［J］．湖南社会科学，2021（3）．

[22] 付亦重，杨嫣．美国内陆自由贸易区监管模式及发展研究［J］．国际经贸探索，2016（8）．

[23] 葛会美，陈伟，刘香娥，石文静，王媛．黄河流域水环境多中心治理研究［J］．绿色科技，2023（14）．

[24] 顾向一，曾丽渲．从“单一主导”走向“协商共治”——长江流域生态环境治理模式之变［J］．南京工业大学学报（社会科学版），2020（5）．

[25] 郭晗，任保平．黄河流域高质量发展的空间治理：机理诠释与现实策略［J］．改革，2020（4）．

[26] 韩融．“流域治理—固碳增汇”耦合协同的实践形态与优化策略——基于云南省抚仙湖流域治理的案例研究［J］．云南行政学院学报，2023（5）．

[27] 韩全林，游益华，万骏．强化洪泽湖流域治理管理的实践及思考［J］．水利发展研究，2023（11）．

[28] 何治波，吴珊珊．强化流域治理管理“四个统一”的成功实践——记珠江“22·6”特大洪水防御［J］．中国水利，2022（12）．

[29] 胡剑波，任香．自由贸易港：我国自由贸易试验区深化发展的方向［J］．国际经济合作，2019（3）．
[30] 户作亮．展现流域机构新作为 全力推进永定河综合治理与生态修复［J］．中国水利，2021（1）．
[31] 黄伟，王阿华，桂衍武，许宇兴，刘京．竹皮河流域水环境综合治理（城区段）沿河截污干管工程设计［J］．中国给水排水，2019（24）．
[32] 黄国勤．论长江经济带绿色发展［J］．中国井冈山干部学院学报，2019（1）．
[33] 黄庆华，时培豪，胡江峰．产业集聚与经济高质量发展：长江经济带107个地级市例证［J］．改革，2020（1）．
[34] 贾力军，程国媛，张丽媛，王利强，李全宏．统筹推进黄河流域生态保护和高质量发展［N］．山西日报，2023-05-19.
[35] 贾先文．我国流域生态环境治理制度探索与机制改良——以河长制为例［J］．江淮论坛，2021（1）．
[36] 交通运输部．长江航运2020基本实现现代化［N］．中国交通新闻网，2018-01-05.
[37] 柯大云．构建跨江开发联动机制 加快湖北长江经济带开放开发步伐［J］．世纪行，2010（2）．
[38] 李斗林，彭振阳，廖志文．统筹发展与安全加快湖北省流域水生态综合治理［J］．党政干部论坛，2022（10）．
[39] 李国樑，李俊．湖北长江经济带气象保障研究［J］．湖北农业科学，2021（S1）．
[40] 李浩．浅谈“数字长江”发展如何助推现代长江航运物流业［J］．中国水运，2019（4）．
[41] 李浩．推进“人水和谐”的绿色城镇化［J］．政策，2023（2）．
[42] 李淼，孟德娟．社会资本参与流域综合治理回报模式及决策边界研究［J］．水利发展研究，2020（7）．
[43] 李敏．美国纽约港自由贸易园区发展实践及其启示［J］．改革与战略，2015（8）．
[44] 李世杰，曹雪菲．论自由贸易区、自由贸易试验区与自由贸易港——内涵辨析、发展沿革及内在关联［J］．南海学刊，2019，5（3）．
[45] 李婷．统筹发展与安全 为全国流域综合治理提供示范［N］．人民长江报，2023-03-11.

[46] 李万祥．流域治理与保护进入新阶段［N］．经济日报，2023-02-12.
[47] 李烨，余猛．国外流域地区开发与治理经验借鉴［J］．中国土地，2020（4）.
[48] 李永刚，江煌，郭贤乐．推进湖北长江经济带新一轮开放开发——武汉掠影［J］．政策，2010（1）.
[49] 刘斌．2019长江水运市场大概率延续平稳态势［EB/OL］．中国水运网，http：//www. zgsyb. com/html/content/2019-01/31/content938371. shtml.
[50] 刘常瑜．河湖流域治理难题的破局之道——从江苏经验看“河湖长制”创新实践［J］．水利发展研究，2022（2）.
[51] 刘冬顺．强化流域治理管理 当好幸福淮河代言人［J］．水利发展研究，2023（11）.
[52] 刘欢．发挥刑事检察职能 助力流域综合治理［N］．法治日报，2023-10-15（6）.
[53] 刘继为，李雪飞．多元共治与府际协同：京津冀流域跨域治理路径选择——以大清河为例［J］．黑龙江生态工程职业学院学报，2020（4）.
[54] 刘江帆，唐臣臣．长江经济带流域系统化治理投融资机制研究［J］．中国工程咨询，2022（8）.
[55] 刘杰，於世为．产业结构优化对绿色发展中生态效率的影响——以长江经济带为例［J］．环境经济研究，2019（3）.
[56] 刘磊．习近平新时代生态文明建设思想研究［J］．上海经济研究，2018（3）.
[57] 刘志彪．长三角一体化发展示范区建设：对内开放与功能定位［J］．现代经济探讨，2019（6）.
[58] 刘陶．以安全观统筹流域综合治理与四化同步发展［J］．政策，2023（2）.
[59] 罗静．处理好流域与行政区域的关系［J］．政策，2023（2）.
[60] 吕永刚．“四化同步”赋能高质量发展：理论逻辑与实践路径［J］．学海，2023（2）.
[61] 吕志奎．加快建立协同推进全流域大治理的长效机制［J］．国家治理，2019（40）.
[62] 马建华．发挥主力军作用 强化流域治理管理 全力推动新阶段长江水利高质量发展［J］．水利发展研究，2023（11）.
[63] 毛媛，童伟伟．黄河流域环境治理绩效及其影响因素研究［J］．价格理

论与实践，2020（5）.
[64] 彭增亮，邓延利，常纪文．探索流域尺度下生态资源资产的价值实现模式——以永定河流域综合治理与生态修复工作为例［J］．中国生态文明，2023（Z1）.
[65] 彭智敏．探索中国式现代化的湖北路径［J］．政策，2023（2）.
[66] 齐玉亮．坚定不移贯彻系统观念 推动松辽流域治理管理能力全面提升［J］．水利发展研究，2023（11）.
[67] 乔长松．流域综合治理下的检察协作研究［J］．中国检察官，2023（15）.
[68] 秦海峰，傅五七．江西九江：全力加快建设长江经济带绿色发展示范区［EB/OL］．http：/jx. people. com. cn/n2/2019/0307/c190260-32716317. html.
[69] 秦尊文．重点攻坚和协同治理统筹兼顾［N］．湖北日报，2023-08-31.
[70] 秦尊文．做好长江流域综合治理与统筹发展［N］．三峡日报，2023-09-23.
[71] 秦尊文．以长江经济带高质量发展支撑和服务中国式现代化［N］．湖北日报，2023-10-18.
[72] 秦尊文．在流域综合治理中推进四化同步发展［J］．政策，2023（2）.
[73] 秦尊文，聂夏清．长江经济带城镇化与水资源效率评价及协调发展空间演化模式研究［J］．长江流域资源与环境，2023（4）.
[74] 秦尊文，聂夏清．长江经济带水资源利用效率时空分异特征及影响因素探析［J］．长江大学学报，2022（5）.
[75] 清华大学课题组．中国：创新绿色发展［M］．北京：中国人民大学出版社，2012.
[76] 任保平，李培伟．黄河流域高质量发展与生态保护耦合协调的现代化治理体系［J］．人民黄河，2023（8）.
[77] 任蔚．流域综合治理和统筹发展的实践探索——以湖北省宜昌市西陵区为例［J］．党政干部论坛，2023（9）.
[78] 山仑，王飞．黄河流域协同治理的若干科学问题［J］．人民黄河，2021（10）.
[79] 沈丹丹．黄河流域生态保护与高质量发展协同治理探究［J］．三晋基层治理，2023（4）.
[80] 师博，沈坤荣．政府干预、经济集聚与能源效率［J］．管理世界，2013（10）.

[81] 宋蕾．流域治理法治化的实现路径［J］．新文科教育研究，2023（3）．
[82] 唐敏．加强合作 推进湖北长江经济带新一轮开放开发［J］．物流工程与管理，2010（1）．
[83] 田野．推进具有湖北特色的流域安全体系和能力现代化［J］．政策，2023（2）．
[84] 田新元．科学谋划流域系统治理 确保长治久安［N］．中国经济导报，2023-09-23．
[85] 涂海峰，聂真，李媚．莱茵河流域发展研究［J］．四川建筑，2016，36（1）．
[86] 王宝恩．全面提升流域统筹协同联动能力 奋力谱写珠江水利高质量发展新篇章［J］．中国水利，2022（12）．
[87] 王飚，覃宝庆．桂林市漓江流域综合治理推动生态产品价值实现案例［J］．南方自然资源，2023（2）．
[88] 王成国．坚持生态立区推动绿色发展——北京市平谷区积极创建国家生态文明先行示范区［J］．前线，2019（10）．
[89] 王佃利，滕蕾．流域治理中的跨边界合作类型与行动逻辑——基于黄河流域协同治理的多案例分析［J］．行政论坛，2023（4）．
[90] 王拓．坚持“四化”同步，聚力高质量发展［N］．新华日报，2023-03-08．
[91] 王礼刚．统筹流域综合治理和四化同步发展的“汉江方案”［J］．政策，2023（2）．
[92] 王立新．提升流域统筹能力 推动广东水利高质量发展［J］．中国水利，2021（12）．
[93] 王清军．流域治理法治化的逻辑构成［J］．新文科教育研究，2023（3）．
[94] 王统勋，安雯．黄河流域生态环境协同治理面临的政策法规困境及对策［J］．寒旱农业科学，2023（8）．
[95] 王文生．坚定不移强化流域治理管理 奋力推动海河流域高质量发展［J］．水利发展研究，2023（11）．
[96] 王奕淇，曹国良，李国平．基于公众参与的黄河流域环境治理演化博弈分析［J］．运筹与管理，2023（9）．
[97] 魏靖茹．研究流域水环境综合治理技术路线进展［J］．资源节约与环保，2020（3）．

[98] 吴传清．协同推进生态优先、绿色发展的“湖北方案”[J]．政策，2023（2）．
[99] 吴晗晗，彭智敏．持续推进湖北长江经济带绿色发展面临的新问题及对策研究［J］．长江技术经济，2019（4）．
[100] 吴丽梅．德国流域水资源协同治理的经验借鉴［J］．中国土地，2021（8）．
[101] 伍红，李姗姗．绿色发展指标下促进生态文明先行示范区建设的税收政策完善［J］．税务研究，2018（1）．
[102] 习近平．走生态优先绿色发展之路让中华民族母亲河永葆生机活力［N］．人民日报，2016-01-08．
[103] 习近平．加强改革创新战略统筹规划引导以长江经济带发展推动高质量发展［N］．人民日报，2018-04-27．
[104] 夏美琼，陈燕香，凌敏，许超，陈亮．流域综合治理生态环境导向的开发模式探讨［J］．环境生态学，2022（12）．
[105] 向华丽．以智慧治理推进流域治理现代化［J］．群言，2023（5）．
[106] 谢连风，骆珉，杨少丽．流域综合治理 PPP 土地资源补偿路径［J］．中国水利，2019（11）．
[107] 熊乐义，张金钢．汝阳县候套河流域综合治理模式［J］．河南水利与南水北调，2019（8）．
[108] 熊烨．跨域流域治理中的“衍生型组织”——河长制改革的组织学诠释［J］．江苏社会科学，2022（7）．
[109] 许维泽．创建全国绿色发展示范区［J］．人民论坛，2018（10）．
[110] 许志良，胡敏杰，张琪．钱塘江流域现代化治理体系建设思路探讨［J］．浙江水利科技，2023（5）．
[111] 杨梅．湖北长江经济带城镇化质量研究［J］．长江论坛，2012（1）．
[112] 杨琼，孟祥永．科学规划龙绕溪流域综合治理［J］．水电与新能源，2019（8）．
[113] 殷为华，杨荣，杨慧．美国自由贸易区的实践特点透析及借鉴［J］．世界地理研究，2016（4）．
[114] 余东华．讲好流域生态保护治理的“黄河故事”［J］．国际人才交流，2023（3）．
[115] 余陶然．治理视角下跨省流域生态补偿协商机制构建——以新安江流域为例［J］．法制与社会，2019（26）．

[116] 苑立立. 协同共治 凝聚全流域治理强大合力 [N]. 河北日报, 2021-09-08.
[117] 张超, 赵仔轩, 张盈秋, 卫佳, 方帅. 九江市十里河流域水环境综合治理措施及成效 [J]. 中国给水排水, 2022 (4).
[118] 张驰. 浅谈巢湖流域水环境综合治理 [J]. 治淮, 2023 (6).
[119] 张恒. 十堰市神定河流域综合治理技术及工程实践 [J]. 广东化工, 2022 (7).
[120] 张剑, 隋艳晖, 于海, 刘福江. 我国海洋高新技术产业示范区规划探究——基于供给侧结构性改革视角 [J]. 经济问题, 2018 (6).
[121] 张念瑜. 绿色文明形态——中国制度文化研究 [M]. 北京: 中国市场出版社, 2014.
[122] 张文会, 韩建飞, 丛颖睿. 统筹推进黄河流域工业高质量发展 [J]. 中国工业和信息化, 2022 (5).
[123] 张叶, 张国云. 绿色经济 [M]. 北京: 中国林业出版社, 2010.
[124] 郑彩娟. 基于 EOD 理念的水库流域综合治理模式综述 [J]. 上海建设科技, 2023 (3).
[125] 中共中央关于制定国民经济和社会发展第十三个五年的建议 [M]. 北京: 人民出版社, 2015.
[126] 钟寰坚. 流域生态环境保护治理不容忽视 [J]. 中国环境监察, 2023 (9).
[127] 仲志余. 强化沿江城市联动发展 促进湖北长江经济带开放开发 [J]. 世纪行, 2010 (2).
[128] 周兵. 流动性背景下跨行政区流域水污染治理分析 [J]. 中国资源综合利用, 2023 (9).
[129] 周国英, 吴旻. 湖北长江经济带开发中的农业科技问题 [J]. 农业现代化研究, 1995 (4).
[130] 周伟. 地方政府黄河流域生态环境治理的模式转换与机制保障——从"属地治理"到"协同治理" [J]. 陕西行政学院学报, 2023 (8).
[131] 周妍, 陈思, 魏晓雯, 杨莹. 统筹推进"四个长江"建设 共绘绿色发展示范带蓝图 [N]. 中国水利报, 2022-03-17.
[132] 周雨, 王殿常, 余甜雪, 叶盛, 冉启华. 典型河湖治理经验及对长江流域生态保护的启示 [J]. 人民长江, 2023 (8).
[133] 朱倩, 江春华. 流域经济新视野下"淮河生态经济带"统筹发展对策

研究［J］. 经济研究导刊，2016（8）.
［134］祝佳祺 . 底数清带来水安澜［N］. 人民日报，2023-09-13.
［135］邹德文，魏长仙 . 建设全国构建新发展格局先行区：怎么看怎么干［M］. 武汉：湖北人民出版社，2023.

后　　记

流域是江河湖库等水系的集水区域。人类文明最早诞生于流域。流域的开发利用和管理，与人类进步、社会经济发展之间有着密切的关系。一部人类史，就是人类应水而生、依水而存、与水相生相克的水文化史。兴水利、避水患，伴随着整个人类史。长江经济带也一样。加快推进以流域综合治理为基础的四化（新型工业化、信息化、城镇化、农业现代化）同步发展，是以习近平新时代中国特色社会主义思想为指导落实“以水定城、以水定地、以水定人、以水定产”原则的新实践，是中国传统“人水和谐”水文化的发扬与光大。

2023 年 10 月 10 日，习近平总书记在江西省九江市考察调研，他先后来到长江国家文化公园九江城区段、中国石化九江分公司，了解当地长江国家文化公园建设、长江岸线生态修复、石化企业转型升级绿色发展等情况。① 12 日习近平总书记在江西省南昌市主持召开进一步推动长江经济带高质量发展座谈会并发表重要讲话。习近平指出，从长远来看，推动长江经济带高质量发展，根本上依赖于长江流域高质量的生态环境。要毫不动摇坚持共抓大保护、不搞大开发，在高水平保护上下更大功夫。沿江各地生态红线已经划定，必须守住管住，加强生态环境分区管控，严格执行准入清单。各级党委和政府对划定的本地重要生态空间要心中有数，优先保护、严格保护。要继续加强生态环境综合治理，持续强化重点领域污染治理，统筹水资源、水环境、水生态，扎实推进大气和土壤污染防治，更加注重前端控污，从源头上降低污染物排放总量。坚定推进长江“十年禁渔”，巩固好已经取得的成果。协同推进降碳、减污、扩绿、增长，把产业绿色转型升级作为重中之重，加快培育壮大绿色低碳产业，积极发展绿色技术、绿色产品，提高经济绿色化程度，增强发展的潜力和后劲。支持生态优势地区做好生态利用文章，把生态财富转化为经济财富。

---

① 习近平在江西九江市考察调研 [EB/OL]. 中共中央党校（国家行政学院）网站，2023-10-11.

完善横向生态保护补偿机制，激发全流域参与生态保护的积极性。① 我们编写此书，就是贯彻进一步推动长江经济带高质量发展座谈会精神，通过研究长江流域综合治理与统筹发展，努力发扬光大长江文化，以长江经济带高质量支撑和服务中国式现代化。

全书分为 8 章，各章节执笔人如下：第一章长江经济带发展与流域综合治理，由秦尊文撰写；第二章在流域综合治理中实施统筹发展，由付晨玉、秦尊文撰写；在第三章国内外流域综合治理的经验借鉴中，第一节国内流域综合治理的典型案例由唐文亮、秦尊文撰写，第二节国外流域综合治理的典型案例由田野撰写；第四章长江流域安全风险与管控由李浩撰写；第五章以流域综合治理推动四化同步发展，由秦尊文撰写；第六章长江上游主要支流流域综合治理，由董莹撰写；第七章长江中游主要支流流域综合治理，由刘汉全撰写；在第八章长江下游主要河湖流域综合治理中，第一节太湖流域综合治理、第二节巢湖流域综合治理由陈洋撰写，第三节新安江流域综合治理由黄玥撰写。全书由秦尊文统稿。

本书在写作过程中，我们参考了湖北省、浙江省、安徽省等省市和长江水利委员会、黄河水利委员会、淮河水利委员会等流域行政管理机构的相关文件和规划的内容，特作说明并致谢！由于我们水平有限，本书肯定存在一些不足之处，敬请广大读者批评指正。

作　者

2023 年 11 月

① 习近平主持召开进一步推动长江经济带高质量发展座谈会强调进一步推动长江经济带高质量发展　更好支撑和服务中国式现代化［EB/OL］. 中共中央党校（国家行政学院）网站，2023-10-12.